"一带一路"生态环境遥感监测丛书

"一带一路"
海域生态环境遥感监测

何贤强　林明森　郝增周　王迪峰　白　雁　佘舒洁　著

U0321194

科学出版社
北　京

内 容 简 介

本书利用连续 12 年(2003～2014 年)的海洋水色卫星遥感资料,对"21世纪海上丝绸之路"沿线 12 个海区和 13 个典型近海海域的生态环境要素(包括:海表温度、海面光合有效辐射、海水透明度、浮游植物叶绿素浓度和净初级生产力)进行遥感监测与分析。全书共分为 5 章,主要内容包括:海洋生态环境概述、海区生态环境遥感监测、近海海域生态环境遥感分析与结论等。

本书可供海洋遥感、海洋生物、海洋化学、物理海洋等专业的科技人员参考,也可供从事海洋环境保护和海洋开发的工作人员及大专院校师生参阅。

审图号:GS(2019)95 号

图书在版编目(CIP)数据

"一带一路"海域生态环境遥感监测/何贤强等著. —北京:科学出版社,
2019.6
("一带一路"生态环境遥感监测丛书)
ISBN 978-7-03-051286-4

Ⅰ.①一⋯ Ⅱ.①何⋯ Ⅲ.①环境遥感-应用-海域-海洋环境-环境监测-研究-世界 Ⅳ.① X87

中国版本图书馆 CIP 数据核字 (2016) 第 319483 号

责任编辑:朱 丽 石 珺 丁传标/责任校对:何艳萍
责任印制:吴兆东/封面设计:图阅社

科 学 出 版 社 出版
北京东黄城根北街 16 号
邮政编码:100717
http://www.sciencep.com

北京虎彩文化传播有限公司 印刷
科学出版社发行 各地新华书店经销

*

2019 年 6 月第 一 版   开本:787×1092 1/16
2019 年 11 月第二次印刷   印张:5
字数:120 000

定价:99.00 元
(如有印装质量问题,我社负责调换)

丛书出版说明

2013 年 9 月和 10 月，习近平主席在出访中亚和东南亚国家期间，先后提出了共建"丝绸之路经济带"和"21 世纪海上丝绸之路"（简称"一带一路"）的重大倡议。2015 年 3 月 28 日，国家发展和改革委员会、外交部和商务部联合发布《推动共建丝绸之路经济带和 21 世纪海上丝绸之路的愿景与行动》（简称《愿景与行动》），"一带一路"倡议开始全面推进和实施。

"一带一路"陆域和海域空间范围广阔，生态环境的区域差异大，时空变化特征明显。全面协调"一带一路"建设与生态环境保护之间的关系，实现相关区域的绿色发展，亟须利用遥感技术手段快速获取宏观、动态的"一带一路"区域多要素地表信息，开展生态环境遥感监测。通过获取"一带一路"区域生态环境背景信息，厘清生态脆弱区、环境质量退化区、重点生态保护区等，可为科学认知区域生态环境本底状况提供数据基础；同时，通过遥感技术快速获取"一带一路"陆域和海域生态环境要素动态变化，发现其生态环境时空变化特点和规律，可为科学评价"一带一路"建设的生态环境影响提供科技支撑；此外，重要廊道和节点城市高分辨率遥感信息的获取，还将为开展"一带一路"建设项目投资前期、中期、后期生态环境监测与评估，分析其生态环境特征、发展潜力及可能存在的生态环境风险提供重要保障。

在此背景下，国家遥感中心联合遥感科学国家重点实验室于 2016 年 6 月 6 日发布了《全球生态环境遥感监测 2015 年度报告》，首次针对"一带一路"开展生态环境遥感监测工作。年报秉承"一带一路"倡议提出的可持续发展和合作共赢理念，针对"一带一路"沿线国家和地区，利用长时间序列的国内外卫星遥感数据，系统生成了监测区域现势性较强的土地覆盖、植被生长状态、农情、海洋环境等生态环境遥感专题数据产品，对"一带一路"陆域和海域生态环境、典型经济合作走廊与交通运输通道、重要节点城市和港口开展了遥感综合分析，取得了系列监测结果。因年度报告篇幅有限，特出版《"一带一路"生态环境遥感监测丛书》作为补充。

丛书基于"一带一路"国际合作框架，以及"一带一路"所穿越的主要区域的地理位置、自然地理环境、社会经济发展特征、与中国交流合作的密切程度、陆域和海域特点等，分为蒙俄区（蒙古和俄罗斯区）、东南亚区、南亚区、中亚区、西亚区、欧洲区、非洲东北部区、海域、海港城市共 9 个部分，覆盖 100 多个国家和地区，针对陆域 7 大区域、

6个经济走廊及26个重要节点城市的生态环境基本特征、土地利用程度、约束性因素等，以及12个海区、13个近海海域和25个港口城市的生态环境状况进行了系统分析。

丛书选取2002～2015年的FY、HY、HJ、GF和Landsat、Terra/Aqua等共11种卫星、16个传感器的多源、多时空尺度遥感数据，通过数据标准化处理和模型运算生成31种遥感产品，在"一带一路"沿线区域开展土地覆盖、植被生长状态与生物量、辐射收支与水热通量、农情、海岸线、海表温度和盐分、海水浑浊度、浮游植物生物量和初级生产力等要素的专题分析。在上述工作中，通过一系列关键技术协同攻关，实现了"一带一路"陆域和海域上的遥感全覆盖和长时间序列的监测，实现了国产卫星与国外卫星数据的综合应用与联合反演多种遥感产品；实现了遥感数据、地表参数产品与辅助分析决策的无缝链接，体现了我国遥感科学界在突破大尺度、长时序生态环境遥感监测关键技术方面取得的创新性成就。

丛书由来自中国科学院遥感与数字地球研究所、中国科学院地理科学与资源研究所、国家海洋局第二海洋研究所、中国林业科学研究院资源信息研究所、北京师范大学、清华大学、中国科学院烟台海岸带研究所、中国科学院新疆生态与地理研究所等8家单位的9个研究团队共50余位专家编写。丛书凝聚了国家高技术研究发展计划（863计划）等科技计划研发成果，构建了"一带一路"倡议启动期的区域生态环境基线，展示了这一热点领域的最新研究成果和技术突破。

丛书的出版有助于推动国际间相关领域信息的开放共享，使相关国家、机构和人员全面掌握"一带一路"生态环境现状和时空变化规律；有助于中国遥感事业为"一带一路"沿线各国不断提供生态环境监测服务，支持合作框架内有关国家开展生态环境遥感合作研究，共同促进这一区域的可持续发展。

中国作为地球观测组织(GEO)的创始国和联合主席国，通过GEO合作平台，有意愿和责任向世界开放共享其全球地球观测数据，并努力提供相关的信息产品和服务。丛书的出版将有助于GEO中国秘书处加强在"一带一路"生态环境遥感监测方面的工作，为各国政府、研究机构和国际组织研究环境问题和制定环境政策提供及时准确的科学信息，进而加深国际社会和广大公众对"一带一路"生态建设与环境保护的认识和理解。

李加洪　刘纪远

2016年11月30日

前　言

海洋约占地球表面积的 70%，蕴藏了地球约 80% 的生物资源，是各国经贸文化交流的天然纽带。2013 年 10 月习近平主席访问东盟时提出了发展海洋合作伙伴关系，共同建设"21 世纪海上丝绸之路"（以下简称"海上丝绸之路"）的重大倡议。倡议的实施，必将成为串起联通东盟、南亚、西亚、北非、欧洲等各大经济板块的市场链。为实现这个宏伟目标，必须对"海上丝绸之路"沿线的海洋环境有全方位的认知、监测和预测能力，以保障海上作业安全和效率，最大限度地降低人类活动对海洋生态和环境的影响。

海洋生态环境是海洋生物生存和发展的基本条件，生态环境的任何改变都有可能导致生态系统和生物资源的变化。海洋生态平衡的打破，一般来自两方面的原因：一是自然本身的变化，如自然灾害，以及由于全球气候变化导致的生境改变；二是来自人类的活动，不合理的、超强度的开发利用，使得海洋生物资源严重衰退；海域污染和生态环境恶化，使海洋生态系统遭到破坏。"21 世纪海上丝绸之路"海域辽阔，航线主要包括了中国—东南亚航线、中国—南亚—波斯湾航线、中国—印度洋西岸—红海—地中海航线，以及中国—澳大利亚航线。同时，途经海域的生态资源丰富多样，如渔业、珊瑚礁、红树林、海草等资源均较为丰富，但分布区域差异显著。

近 30 年，我国开展了大量的海洋环境现场调查，如最近 10 年组织实施的"我国近海海洋综合调查与评价"专项和"全球变化与海气相互作用"专项，对我国近海及邻近的西太平洋、东印度洋海域生态环境有了较好的综合研究和认识。由于"21 世纪海上丝绸之路"海域辽阔，现场调查手段在空间上只能覆盖其中一部分海域，在时间覆盖上限于航次时段，对获取全海域生态环境的时空变化规律，特别是演变趋势存在局限性。随着海洋卫星遥感技术的发展，使得上层海洋生态环境的全球覆盖和长时序观测成为可能。

2015 年度全球生态环境遥感监测（"一带一路"生态环境状况）首次部署了"21 世纪海上丝绸之路"沿线海域生态环境的遥感监测。采用 Aqua/MODIS 并结合我国自主 HY-1A、HY-1B 海洋水色卫星资料，对"21 世纪海上丝绸之路"沿线海域近 12 年（2003 ～ 2014 年）的海表温度、海面光合有效辐射、海水透明度、浮游植物叶绿素浓度和净初级生产力等海洋生态环境要素的时空分布格局和变化趋势进行了遥感监测，取得了一些有益的认识。本书全面给出了该项工作的主要成果，是《全球生态环境遥感监测 2015 年度报告》中海洋生态环境监测部分的详细内容。

　　本书共分 5 章，第 1 章主要阐述监测内容与指标，以及采用的数据与方法；第 2 章主要对 "21 世纪海上丝绸之路" 海洋生态环境进行概述；第 3 章主要分析 "21 世纪海上丝绸之路" 沿线各海区生态环境遥感监测结果；第 4 章主要阐述 "21 世纪海上丝绸之路" 沿线近海海域生态环境的遥感分析；第 5 章为结论。本书在研究和出版过程中还得到了国家重点研发计划课题（2017YFA0603003）、海洋公益性行业科研专项项目（201505003，200905012）、国家 863 计划项目（2014AA123301）、国家自然科学基金项目（41676170，41825014）、全球变化与海气相互作用专项项目（GASI-02-SCS-YGST2-01，GASI-02-PAC-YGST2-01，GASI-02-IND-YGST2-01）和卫星海洋环境动力学国家重点实验室自主课题（SOEDZZ1801）的共同资助。

　　本书的编写得到了自然资源部第三海洋研究所杨燕明研究员和国家卫星海洋应用中心丁静研究员的支持和帮助，在此表示诚挚感谢。由于时间与水平有限，书中不妥之处在所难免，恳请读者批评指正。

何贤强

2016 年 9 月

目　　录

第1章 引　言

1.1　背景与意义

海洋是各国经贸文化交流的天然纽带,2013年10月习近平主席访问东盟时提出了发展海洋合作伙伴关系,共同建设"21世纪海上丝绸之路"(以下简称"海上丝绸之路")的重大倡仪。"海上丝绸之路"是全球贸易格局不断变化形势下,中国连接世界的新型贸易之路。尤其在中国成为世界第二大经济体,全球政治经济格局合纵连横的背景下,"海上丝绸之路"的开辟和拓展将大大增强中国与沿线各国的经贸合作关系,必将成为串起联通东盟、南亚、西亚、北非、欧洲等各大经济板块的市场链,发展面向南海、太平洋和印度洋的战略合作经济带,建成以亚欧非经贸一体化为目标的利益共同体和命运共同体,共同推进包括区域经济一体化和海洋安全合作。

党的"十八大"报告提出了"海洋强国"的发展战略,需要"关心海洋、认识海洋、经略海洋"。经略海洋就是立足全球海洋视野,集约开发和优化利用沿岸和近海资源,务实推进管辖海域的实质性开发;发展深海技术,不断加深对深海大洋及南北两极的科学认识,努力为人类和平利用深海大洋和极地做出贡献。

目前许多国际协定和公约都规定要保障海上安全、有效地管理海洋环境和可持续利用海洋资源。为了实现这个重要而富有挑战性的目标,必须具备对一系列海洋现象的变化进行快速探测和及时预测的能力。这些海洋现象影响的对象是:①海上作业的安全和效率;②自然灾害对人类的影响程度;③沿岸生态系统对全球气候变化的敏感程度;④公共健康与福利;⑤海洋生态系统状况;⑥海洋生物资源的可持续性。各种国内外的形势都要求我们尽快掌握全球海洋环境数据资料,保障支撑"海洋强国"战略的实施。

1.2　监测内容与指标

地球约70%的表面被海洋所覆盖,传统的海洋船舶断面调查手段无法实现对海洋的大面积同步观测。而遥感具有快速、大范围同步、高时空分辨率和连续观测的优势,是大范围海洋调查观测的最佳手段。"海上丝绸之路"沿途战略通道多、资源价值大、海洋环境复杂、安全形势严峻,"海上丝绸之路"倡仪的实施需要快速摸清沿途海洋资源环境状况,因此卫星遥感调查是必然的选择。为了充分利用遥感资料观测优势,为"海上丝绸之路"建设服务，本书将利用卫星遥感资料，制作长时间序列的海洋生态环境遥感产品。

根据监测对象，海洋生态系统由生命和非生命两大部分组成。非生命部分有：无机物质、有机化合物、气候因素和海洋特定环境因子，如水温、盐度、海水深度（静压力、光照深度）、潮汐、水团和不同海底地质类型等。这些环境因子不仅提供基本能量和物质，而且决定着一些植物和动物生活在某一特定海区。生态系统中的生命部分，可分为生产者、消费者和分解者。海洋生态系统中的生产者包括所有海洋中的自养生物，这些生物可以通过光合作用把水和二氧化碳等无机物合成为碳水化合物、蛋白质和脂肪等有机化合物，把太阳辐射能转化为化学能，储存在合成有机物中。生产者通过光合作用不仅为本身的生存、生长和繁殖提供营养物质和能量，而且也为消费者和分解者提供唯一的能量来源，成为海洋食物网的基础，也是各种海洋生物资源分布和生态系统的保障之一。

因此，我们需要利用遥感数据大面积同步观测的优势，掌握海洋生物资源赖以生存的基础环境，包括温度场、光照条件及水质状况，以及海洋食物网的基础——海洋浮游植物生物量和初级生产力，同时，利用海洋遥感长期稳定监测数据，分析在自然变迁，以及人为活动双重压力下海洋生态环境的分布特征及变化趋势。

1.2.1　水温（海表温度）

海水温度随着纬度、深度和季节的变化而变化。水温对海洋生物是极为重要的生态限制因子，通过自然选择保留至今的每一种海洋生物对水温的适应都有特定的范围，即各有所能忍受的最低温度、最高温度和最适温度，以及其生长、发育和繁殖阶段所要求的最低温度和最高温度。因此，水温是决定海洋生物的生存区域、物种丰度及其变动的主要环境因素（冯士筰等，2007）。

1.2.2　光照（光合作用有效辐射）

太阳光照是地球生态系统能量的主要来源，太阳能只有通过生产者的光合作用才能源源不断地输入生态系统，然后再被其他生物所利用。本书利用光合作用有效辐射（简称"光合有效辐射"）来表示海水浮游植物吸收和利用的太阳光照能量，即浮游植物在进行光合作用过程中，吸收的太阳辐射中使叶绿素分子呈激发状态的那部分光谱能量，一般波长为 380～710nm。

1.2.3　水体清洁度（海水透明度）

水体的清洁度可以用海水透明度表示，通常利用透明度板进行测量，在阳光不能直接照射的地方垂直沉入水中，直至看不见的深度。海水中的物质含量，包括各种颗粒物和溶解物质，会影响海水透明度，进而对水下浮游植物的光照产生影响，此外，水体的清洁程度也会直接影响滨海旅游区的水质状况及人体的直接感官和安全健康状况。

1.2.4 浮游植物生物量（叶绿素浓度）

几乎所有的浮游植物内都含有叶绿素，作为光合作用的主要载体，因此，通常用叶绿素浓度来表征生物量，同时，叶绿素浓度也可以作为评价水体富营养程度的指标。海洋浮游植物对海洋的生态环境极其重要。要了解人类在海岸带的活动造成的生态学影响、气候变异对沿岸生态系统的影响，以及造成渔业及其他海洋生物资源变异的原因，必须评价浮游植物动力学。有害藻类事件对水产养殖、人类健康和沿岸生态系统具有重要影响，这些影响在许多地区正变得日益严重。

1.2.5 生物生产力（初级生产力）

浮游植物、底栖植物、自养细菌等生产者，通过光合作用或化学合成制造有机物和固定能量的能力，称为初级生产力。初级生产力一般以每天（或每年）单位面积所固定的有机碳或能量来表示，即 mg C/（m² · d），它是最基本的生物生产力，是海域生产有机物或经济产品的基础，也是估计海域生产力和渔业资源潜力大小的重要标志之一。

1.3 数据与方法

采用 Aqua/MODIS 水色卫星遥感产品，并结合我国自主 HY-1A、HY-1B 海洋水色卫星资料，对"海上丝绸之路"沿线海域生态环境进行遥感监测。主要遥感产品包括美国航天航空局发布的全球 9km 分辨率的月平均叶绿素浓度、海表温度、海面光合作用有效辐射、443nm 水体遥感反射率/吸收系数/颗粒后向散射系数，以及俄勒冈大学发布的全球 9km 分辨率的月平均海洋净初级生产力及叶绿素浓度（用于修正初级生产力模型）。其中海表温度为利用热红外波段反演获得的夜间温度。此外，我们利用 443nm 水体遥感反射率、吸收系数、颗粒后向散射系数进一步反演全球海水透明度，并对原始净初级生产力遥感产品进行校正。在获得逐月遥感产品的基础上，进行 12 年（2003～2014 年）的拟合回归，得到不同区域各要素的变化速率（表 1.1）。

表 1.1 原始卫星数据产品

遥感数据名称	遥感器	卫星	时间范围	时间分辨率	空间范围	空间分辨率/km	来源
叶绿素浓度	MODIS	Aqua	2003～2014 年	月平均	全球	9	NASA*
海表温度	MODIS	Aqua	2003～2014 年	月平均	全球	9	NASA
光合有效辐射	MODIS	Aqua	2003～2014 年	月平均	全球	9	NASA
水体遥感反射率（443nm）	MODIS	Aqua	2003～2014 年	月平均	全球	9	NASA
水体吸收系数（443nm）	MODIS	Aqua	2003～2014 年	月平均	全球	9	NASA

遥感数据名称	遥感器	卫星	时间范围	时间分辨率	空间范围	空间分辨率/km	来源
水体颗粒后向散射系数（443nm）	MODIS	Aqua	2003～2014年	月平均	全球	9	NASA
净初级生产力	MODIS	Aqua	2003～2014年	月平均	全球	9	俄勒冈大学**
叶绿素浓度（用于校正净初级生产力）	MODIS	Aqua	2003～2014年	月平均	全球	9	俄勒冈大学

* 网址：http://oceandata.sci.gsfc.nasa.gov/MODISA/Mapped/Monthly/9km.

** 网址：http://orca.science.oregonstate.edu/2160.by.4320.monthly.hdf.ngpm.m.chl.m.sst.php.

1.3.1　海表温度、叶绿素浓度和光合有效辐射产品制作

对原始的全球海表温度、叶绿素浓度和光合有效辐射遥感数据，截取相关的区域，并进行空间重采样，生成"海上丝绸之路"全区和重点区域的海表温度、叶绿素浓度和光合有效辐射产品遥感专题产品集。

1.3.2　海水透明度产品制作

采用半分析遥感模型反演全球海水透明度（何贤强等，2004；He et al.，2014）：

$$SDD = \frac{1}{4(a+b_b)} \ln\left(\frac{\rho_d \alpha \beta}{C_e R}\right) \tag{1.1}$$

式中，SDD 为海水透明度；a 和 b_b 分别为水体总吸收系数和后向散射系数，由 443nm 吸收系数、颗粒后向散射系数计算得到；α 和 β 分别为水面折射、反射影响系数（$\alpha\beta \approx 0.15$）；ρ_d 为透明度盘上表面反射率（约 0.82）；C_e 为人眼对比度阈值（约 0.02）；R 为水次表面的反照率，可由水面遥感反射率计算得到：

$$R = \frac{QR_{rs}}{0.52+1.7R_{rs}} \tag{1.2}$$

式中，Q 为水次表面上行辐照度与向上辐亮度的比值（约 4.0）；R_{rs} 为获取的 443nm 遥感反射率。

半分析海水透明度遥感模型已经过大量实测数据的验证，结果表明，遥感反演的平均相对误差为 22.6%（何贤强等，2004）。

1.3.3　净初级生产力产品制作

由 VGPM 算法反演的标准净初级生产力在近岸浑浊水体会显著高估。这是由于标准 VGPM 算法中仅采用叶绿素浓度来估算真光层深度，而没有考虑陆源悬浮物的影响，导致真光层深度被高估。因此，需要对真光层深度进行校正，生成校正后的全球净初级生

产力遥感产品。具体如下：

在标准 VGPM 算法中，真光层深度（Z_{eu}）估算模型如下：

$$Z_{eu} = 200 \times \mathrm{Chl}_t^{-0.293} \tag{1.3}$$

式中，Chl_t 为水柱积分叶绿素，可由遥感表层叶绿素浓度估算：

$$\begin{cases} \mathrm{Chl}_t = 38.0 \times \mathrm{Chl}^{0.425}, & 当\mathrm{Chl} \leqslant 1.0\,\mu g/L \\ \mathrm{Chl}_t = 40.2 \times \mathrm{Chl}^{0.507}, & 当\mathrm{Chl} > 1.0\,\mu g/L \end{cases} \tag{1.4}$$

同时，也可以利用反演得到的海水透明度估算真光层深度：

$$Z_{eu}(\mathrm{SDD}) = 2.63 \times \mathrm{SDD} \tag{1.5}$$

最后，可以得到校正后的净初级生产力：

$$\mathrm{NPP}_{cor} = \mathrm{NPP}_{VGPM} \times Z_{eu}(\mathrm{SDD})/Z_{eu} \tag{1.6}$$

式中，NPP_{VGPM} 为原始净初级生产力；NPP_{cor} 为校正后的净初级生产力。

1.3.4　统计方法

（1）海域气候态月、季、年平均分布遥感产品制作

针对特定海域（整个海域或重点区域），利用 12 年（2003 ～ 2014 年）逐月的遥感产品，计算出海域内每个像元的多年同月份、季节、年平均值，形成气候态月、季、年平均分布遥感产品。各季节的划分方法：冬季包括 12 月、1 月和 2 月，春季为 3 ～ 5 月，夏季为 6 ～ 8 月，秋季为 9 ～ 11 月。

（2）海域气候态月、年平均值

在海域气候态月、年平均遥感产品的基础上，对海域内有效像元值进行算术平均，得到海域气候态月、年平均值。

（3）年变化幅度

在海域气候态月平均遥感产品的基础上，统计海域内每个像元在 12 个月内的最大值和最小值，从而计算出每个像元的年变化幅度（最大值－最小值），并形成海域年变化幅度分布遥感产品。

（4）变化速率

对每个月平均产品，计算海域平均值，形成 12 年逐月的时间序列数据，然后进行线性回归，并计算出变化速率（斜率与均值的比值）。

第2章 "21世纪海上丝绸之路"海洋生态环境概述

海洋是各种海洋生物赖以生存的栖息地。海洋既为生物生存提供了适宜的条件,又制约着生物的活动、生长、繁殖,以及生物的时空分布。同时,海洋生物在生命活动过程中不断地影响周边环境,生物与海洋之间的相互作用共同构成了海洋生态环境(冯士筰等,2007)。海洋生态环境的监测和研究是开发利用海洋生物资源的必要条件。目前的海洋资源开发已经从资源掠夺性转向可持续发展,利用卫星遥感的大范围观测优势,可评估在自然变迁和人类活动双重压力下的海洋生态环境健康状态,更好地服务于海洋资源开发和海洋生态环境保护。

"21世纪海上丝绸之路"覆盖西太平洋、印度洋和东大西洋区域,主要航线可分为四段:中国—东南亚航线、中国—南亚—波斯湾航线、中国—印度洋西岸—红海—地中海航线、中国—澳大利亚航线,分别称为东段、中段、西段和南段(图2.1)。东段距离

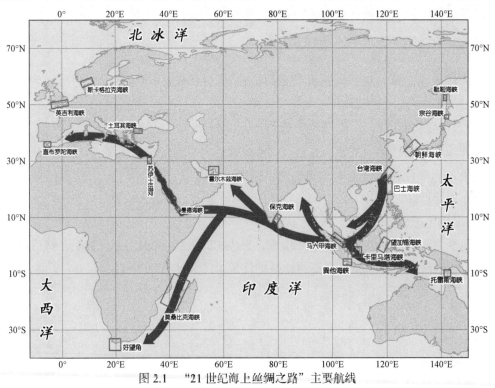

图2.1 "21世纪海上丝绸之路"主要航线

中国最近且与中国联系最紧密,包含东盟 10 国。中段包含印度、巴基斯坦、沙特阿拉伯、阿拉伯联合酋长国等 12 个国家,拥有全球 62% 的石油储量和 24% 的天然气资源。西段包含也门,以及非洲北部、东部与欧洲沿海国家。南段是经过南海、爪哇 – 班达海,到达澳大利亚的航线。

2.1 区位特征和社会经济背景

"21 世纪海上丝绸之路" 海域辽阔,水下地形较为复杂,包括水深小于 200m 的陆架、200 ~ 2000m 的陆坡,以及大于 2000m 的深海(图 2.2)。

中国东部海区(渤海、黄海、东海)陆架较为宽广,几乎都属于陆架海域,也是世界上最宽阔的大陆架之一。南海陆架主要分布在北、西、南三面。其中,南部陆架宽度最宽,北部次之,西部和东部狭窄。南海北部陆架呈东北—西南走向,大体与海岸线平行。南海西北部陆架主要是越南北部沿岸的浅水区,宽 190 ~ 280km。南海西部越南沿海陆架较窄,坡度较大。南海南部陆架是世界上最宽的陆架之一,宽度超过 300km。

印度洋陆架海域面积约为 230 万 km^2,约占印度洋总面积的 4.1%,在 4 个大洋中陆架面积最小。印度洋陆架普遍比较狭窄,仅在波斯湾、安达曼海、澳大利亚西北沿岸和印度半岛西部沿岸的宽度较大一些(孙德建和丁海涛,1998)。在印度洋中部,分布有几条洋中脊,是地震和火山活动频繁的地带。

除了陆架资源以外,"21 世纪海上丝绸之路" 途经一些关键海峡通道,包括台湾海峡、巴士海峡、马六甲海峡、卡里马塔海峡、巽他海峡、望加锡海峡、托雷斯海峡、保克海峡、霍尔木兹海峡、曼德海峡、苏伊士运河、莫桑比克海峡、好望角、土耳其海峡、直布罗陀海峡、英吉利海峡和斯卡格拉克海峡等(图 2.2)。

"21 世纪海上丝绸之路" 是我国连接亚非欧的重要通道(卢永昌和李苏,2009)。全球主要港口集中在 "21 世纪海上丝绸之路" 区域,包括我国沿海、马六甲海峡、波斯湾和欧洲的港口城市(图 2.2)。全球约一半集装箱货运、1/3 散运和 2/3 石油运输都要取道印度洋,此外,波斯湾地区还是全球主要的石油能源供应产区,全球每天约有 1700 万桶石油经波斯湾海区运输,其中约 1520 万桶经过马六甲海峡运往东亚地区(图 2.3、图 2.4)。

总的来说,"21 世纪海上丝绸之路" 涉及国家多,跨越范围广,连接了亚洲、非洲、欧洲等世界上目前经济活跃的国家和地区,覆盖了世界能源主要供应区。"21 世纪海上丝绸之路" 建设为世界经济的发展提供强劲的动力,促进全球人文相通、政策沟通、设施联通、贸易畅通、资金融通、民心相通。

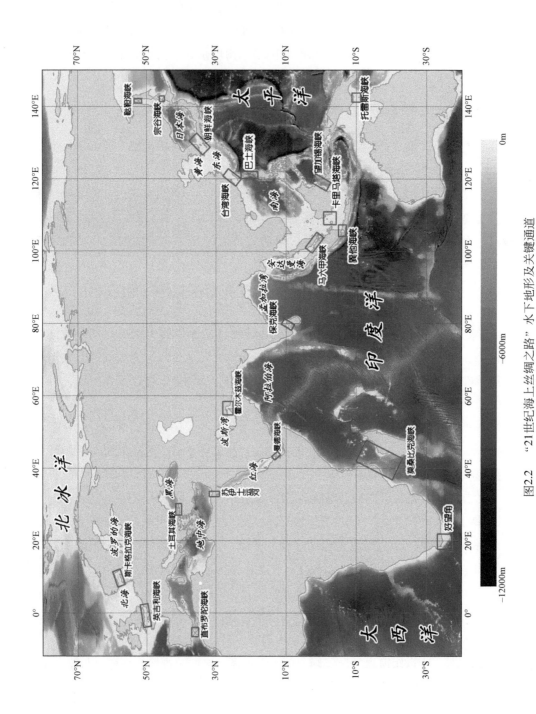

图2.2 "21世纪海上丝绸之路"水下地形及关键通道

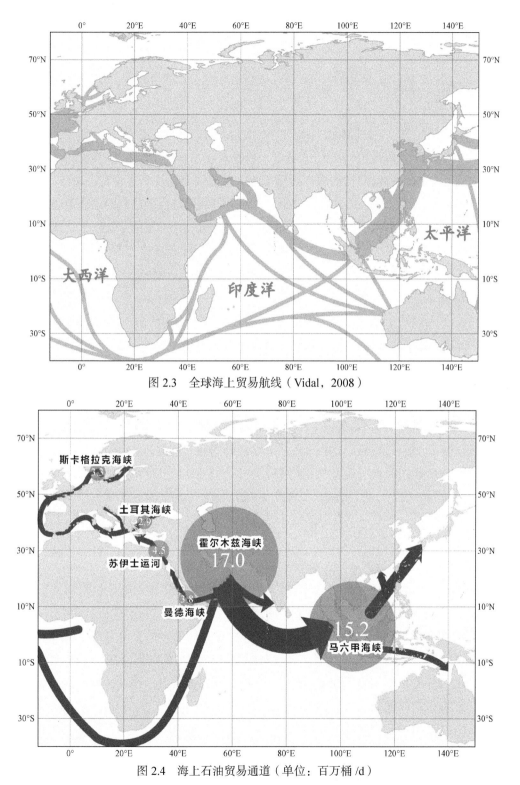

图 2.3 全球海上贸易航线（Vidal，2008）

图 2.4 海上石油贸易通道（单位：百万桶 /d）

数据来源：Energy Information Administration，2015

2.2 水文环境特征和风暴灾害

2.2.1 表层海水温度

"21 世纪海上丝绸之路"主要途经南海、印度洋，属于典型的热带海洋。南海表层水温分布较均匀，中、南部海域年均 24 ～ 26℃；北部沿岸水温稍低，年均约 22.6℃，主要受到秋、冬季来自台湾海峡的低温水，以及夏季沿岸上升流的影响。印度洋表层水温随纬度变化，10°S 以南陆地对海洋影响较小，等温线与纬度基本平行；10°S 以北海区，陆地的影响逐渐增大，等温线呈环状分布；非洲东北部近海由于受到沿岸上升流的影响，下层冷水上涌，年均水温略低。30°S 以北的印度洋海区，年均表层水温在 20℃以上；赤道印度洋海区年均表层水温达 28.5℃，略高于赤道太平洋和赤道大西洋。

受周边热带、亚热带沙漠影响，红海表层水温较高，年均接近 30℃，是世界上表层水温最高的海区之一。地中海表层水温年均为 17 ～ 21℃。黑海纬向跨度小，表层水温分布较均匀，年均约 15℃。北海表层水温分布较均匀，年均约为 10℃。波罗的海相对封闭，表层水温较同纬度海区稍低，整体呈纬向分布，从北到南年均表层水温 6 ～ 8℃。

2.2.2 表层海水盐度

表层海水盐度主要受蒸发和降水影响。南海表层盐度低于周边大洋，年均在 34psu[①]左右，主要受到珠江、湄公河等大河淡水注入，以及较大降水量的影响。空间分布上，南海北部海域表层盐度略高，主要是受到从巴士海峡输入的黑潮水（高温、高盐）的影响。南海中部和南部海区的表层盐度整体较均匀，年均在 32.0 ～ 33.6psu。

与表层水温的空间分布相似，印度洋南部表层盐度分布基本呈现与纬度平行的条带状分布，在 20°S ～ 40°S，年均表层盐度在 35psu 以上（图 2.5）。印度洋东北部的孟加拉湾，由于受到恒河等巨量淡水注入，以及较高降水量的影响，表层盐度相对较低，年均小于 34psu。与孟加拉湾相反，阿拉伯海的表层盐度较高，年均大于 36psu，为印度洋表层盐度高值区，这是由于该海区河流注入少且蒸发量大造成。阿拉伯海周边的波斯湾和红海，年均表层盐度极高，特别是红海表层盐度达 41psu，为全球海区最高。

地中海东南部与红海相通且蒸发强烈，表层盐度大于邻近的大西洋海域。空间分布上，地中海表层盐度年均在 36psu 以上，自直布罗陀海峡向东部递增。黑海和波罗的海均为几乎封闭的边缘海，年均表层盐度均低于 33psu。北海连接大西洋和波罗的海，表层盐度呈现由西北向东南的递减趋势，年均在 33 ～ 36psu。

---

① psu 为海洋学中表示盐度的标准单位，无量纲，一般以 ‰ 表示。

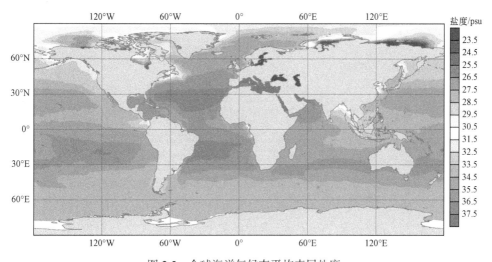

图 2.5 全球海洋气候态平均表层盐度

数据来源：World Ocean Atlas，2013

2.2.3 海水表层环流

南海是太平洋中季风环流最强烈的海域，西南季风期间盛行东北向漂流，东北季风期间则为西南向漂流（冯士筰等，2007）。春、夏季西南季风控制时，南部海盆出现顺时针环流，北部海盆出现逆时针环流。秋、冬季东北季风控制时，整个南海海盆区呈现逆时针环流。

印度洋表层环流大体上以赤道为界，分为南北两部分。南部环流的成因相对简单，在东北风的作用下，海水由澳大利亚西北部往西流动，在地球自转作用下逐渐左偏，在非洲索马里东南海域向南流动，并在 40°S 左右与西风漂流汇合向东，并沿澳大利亚西海岸北上，形成南印度洋环流。北印度洋（阿拉伯海和孟加拉湾海区）在夏季西南季风、冬季东北季风的作用下，分别形成顺时针和逆时针两种特殊的季风环流。

红海北端通过苏伊士运河与地中海相通，南端通过曼德海峡与亚丁湾及阿拉伯海相连。北印度洋表层海水流入红海，由于蒸发，海水的盐度、密度增大，在红海北端下沉形成深层水回流。大西洋表层水通过直布罗陀海峡自西向东流入地中海，东部及西部海盆存在两个逆时针环流，中部为顺时针环流。黑海表层环流主要是一个海盆尺度的气旋型环流。

北海表层环流主要呈气旋型环流，大部分海水来自北大西洋暖流，沿大不列颠岛南流，到南部向东偏为逆时针方向，流入波罗的海。波罗的海表层环流也呈气旋型，由北海流入的海水从南部沿岸向北流动，形成南北分布的三个逆时针环流。

2.2.4 风暴灾害

全球每年平均约有 80 个热带气旋产生，其中半数以上发展为台风或飓风，西北太平洋、孟加拉湾、东北太平洋、西北大西洋、阿拉伯海、南印度洋、西南太平洋和澳大利亚西北海域是台风或飓风频发的海区。西太平洋（包括南海）是全球强台风发生次数最多的海区（冯士筰等，2007）。

台风带来的狂风、暴雨、巨浪和风暴潮，不仅严重威胁海上航行安全，而且会对海洋生态系统带来强扰动。在深海大洋，台风会增加混合层深度，将下层丰富营养盐带至表层，促进浮游植物的生长。卫星遥感结果表明，台风引起的初级生产力升高可占南海新生产力的 5% ~ 15%（Chen et al.，2015）。相反地，在近海，台风引起的大浪会严重破坏近岸海区的珊瑚礁、红树林和海草床等。台风导致的水体浑浊度增加，会抑制海草和珊瑚的生长。此外，台风击碎的珊瑚礁如果漂到合适的海区，会促进珊瑚礁的扩散，扩大其生长区域（Tunnicliffe，1981）。已有研究发现，随着气候变暖的加剧，虽然台风次数没有出现明显增长，但是强台风爆发次数却呈增加趋势（Webster et al.，2006）。

2.3 主要生态资源

"21 世纪海上丝绸之路"生态资源丰富，包括渔业资源，以及珊瑚礁、红树林、海草等特殊资源。

欧洲北海和日本北海道为两大世界著名渔场，南海、孟加拉湾、赤道印度洋、地中海等均分布有面积稍小的渔场。北海渔场年平均捕获量 300 万 t 左右，约占世界捕获量的 5%；南海潜在渔获量 246 万 ~ 281 万 t[①]。

全世界的珊瑚礁总面积约为 28.43 万 km^2，其中印度洋 - 太平洋地区（包括红海、印度洋、东南亚和赤道西太平洋）占 91.9% 的面积，仅东南亚就占了 32.3% 的面积（Spalding et al.，2001）。南海、爪哇 - 班达海和印度洋沿岸是全球主要的珊瑚礁分布区（图 2.6）。

"21 世纪海上丝绸之路"沿岸区域也是全球红树林的主要分布区（图 2.7）。与珊瑚礁的分布不同，东起中国东海和南海沿岸海区，西至印度洋非洲海岸，包括印度洋沿岸的广大海区都有红树林的存在。东南亚沿岸和印度半岛沿岸的红树林种类较多。

全球海洋中生长着大约 60 多个品种的海草，分布面积约 17.7 万 km^2。与珊瑚礁的空间分布类似，海草主要分布在东南亚海区。印度洋海草主要集中在孟加拉湾和红海、波斯湾海区。东南亚海区和非洲东海岸海草种类较多（图 2.8）。

珊瑚礁、红树林、海草等群落，不仅丰富了海洋生物的多样性，还能缓冲风暴潮及巨浪的冲击，且具有造陆的功能。在印度洋和西太平洋的许多群岛，如马尔代夫群岛、土阿莫土群岛及马绍尔群岛等均是通过造礁珊瑚和富含钙质的藻类等共同形成珊瑚礁。

[①] 周永灿 . 2014. 南海渔业资源及其可持续开发利用，北京论坛（2014）文明的和谐与共同繁荣——中国与世界：传统、现实与未来，"人类与海洋"专场论文摘要集。

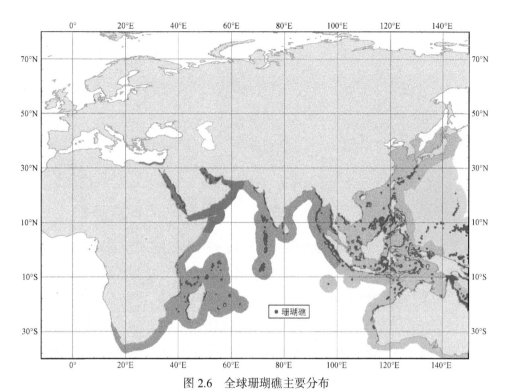

图 2.6 全球珊瑚礁主要分布

数据来源：World Resources Institute，2011

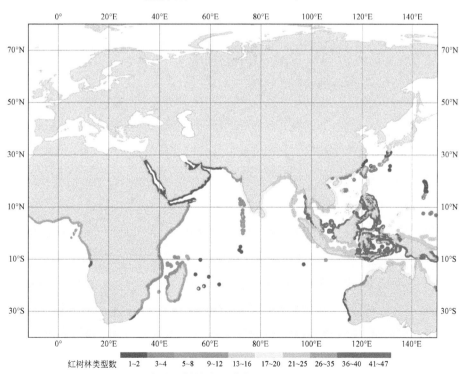

红树林类型数 1~2 3~4 5~8 9~12 13~16 17~20 21~25 26~35 36~40 41~47

图 2.7 全球红树林主要分布（Giri et al.，2011）

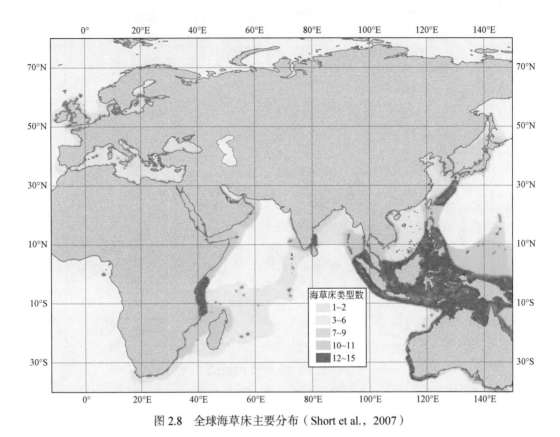

图 2.8　全球海草床主要分布（Short et al.，2007）

　　从全球海洋生物分布来看，物种多样性在印度洋－西太平洋，特别是菲律宾、印度尼西亚和澳大利亚东北部区域达到了顶峰。

第3章　"21世纪海上丝绸之路"海区
生态环境遥感监测

　　根据地理位置和生态地理环境特征,对"21世纪海上丝绸之路"沿线的日本海、中国东部海区(包括渤海、黄海和东海)、南海、爪哇–班达海、孟加拉湾、阿拉伯海、波斯湾、红海、地中海、黑海、北海和波罗的海等12个海区的生态环境开展了遥感监测(图3.1)。监测内容包括海表温度、海面光合有效辐射、海水透明度、浮游植物的生物量(叶绿素浓度)和净初级生产力。

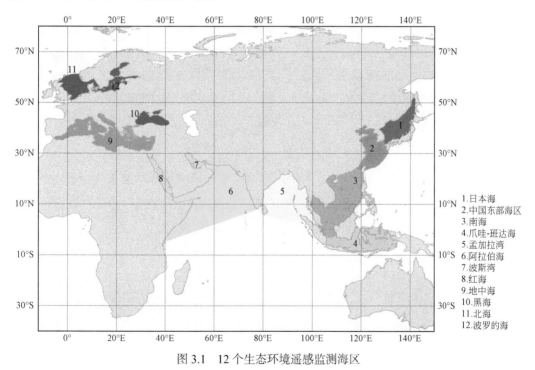

图3.1　12个生态环境遥感监测海区

3.1　海表温度

　　图3.2为多年(2003～2014年)平均海表温度的空间分布,总体上随纬度增加而逐渐递减。南海、爪哇–班达海、孟加拉湾、阿拉伯海、红海等热带海区,常年太阳辐射较强,

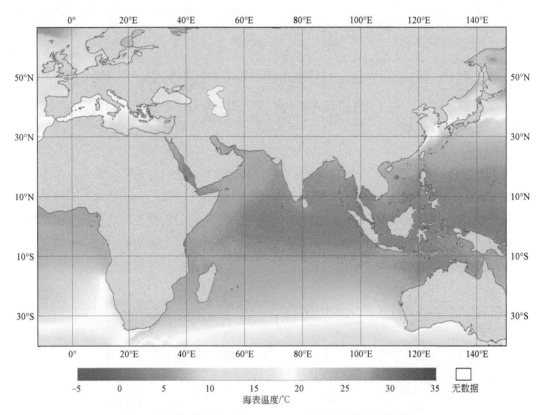

图 3.2 各海区多年（2003～2014 年）平均海表温度分布

年均海表温度大于 25℃（图 3.3）。中国东部海区及地中海的年均海表温度约 20℃。高纬度的北海及波罗的海，年均海表温度约 10℃。大尺度冷、暖流系的调控作用会导致局部空间分布异常，如受北向黑潮影响西北太平洋海域海温偏高。

各季节海表温度的空间分布总体上与年均海表温度类似（图 3.4），呈现夏季高、冬季低，但各海区区域平均海表温度的峰、谷时间存在差异（图 3.5）。在中高纬度海区，最高海表温度通常出现在 8 月，最低出现在 2 月。热带海区最高海表温度出现的月份不同，南海为 6 月，孟加拉湾、爪哇－班达海为 4 月，阿拉伯海为 5 月。同一纬度的南海和孟加拉湾、阿拉伯海最高海表温度出现的月份差异，可能受局部太阳辐射和云量与季风的共同调控。

从年内变化幅度来看，低纬度海区及极地海区海表温度变化不明显，中高纬度海区变化明显。中国东部海区、日本海、波罗的海、北海、地中海、黑海、波斯湾等中高纬度海区，海表温度年内变化幅度大于 10℃（图 3.6）。年内变化幅度最大位于中国东部海区和日本海，达 20℃以上；其次为黑海和波罗的海，达 15℃以上。

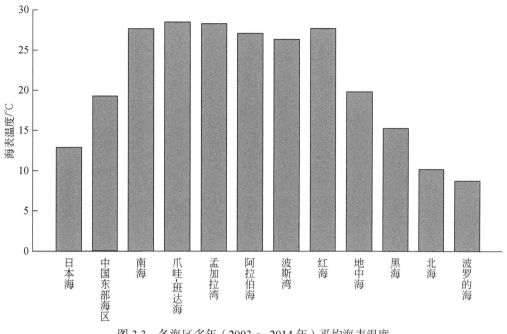

图 3.3 各海区多年（2003～2014 年）平均海表温度

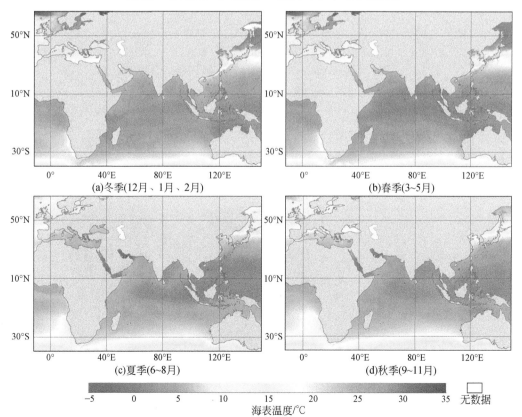

图 3.4 各海区多年（2003～2014 年）季节平均海表温度分布

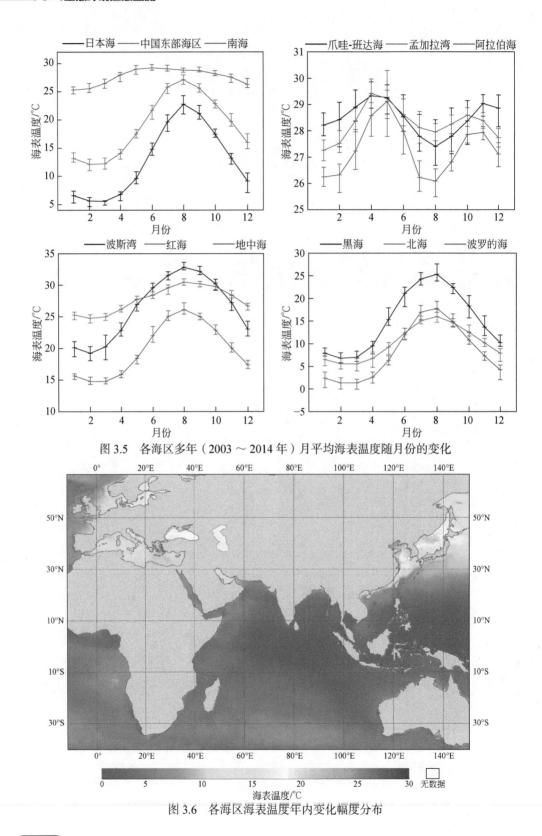

图 3.5　各海区多年（2003～2014 年）月平均海表温度随月份的变化

图 3.6　各海区海表温度年内变化幅度分布

3.2 海面光合有效辐射

图 3.7 为多年（2003 ～ 2014 年）平均海面光合有效辐射空间分布，总体上亦呈现随纬度逐渐递减的趋势。红海、阿拉伯海、爪哇－班达海、波斯湾、孟加拉湾、南海等海区的光合有效辐射较高，且依次递减（图 3.8）。高纬度的北海及波罗的海光合有效辐射较低。受到云覆盖等影响，光合有效辐射会产生偏离纬度的空间变化，如中国东部海区的光照强度显著低于同纬度的波斯湾、地中海。

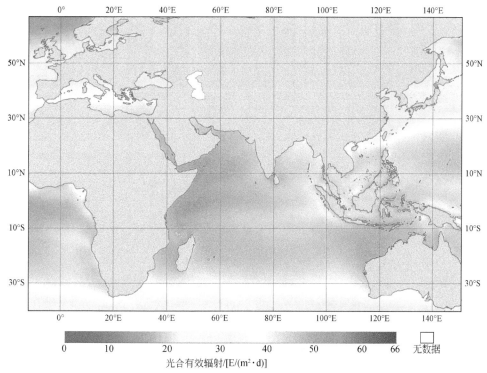

图 3.7   各海区多年（2003 ～ 2014 年）平均光合有效辐射分布

各海区的光合有效辐射存在显著的季节变化（图 3.9），特别是中高纬度海区。冬季，北半球高纬度海区光合有效辐射极低，光照不足限制了浮游植物的生长。春、夏季，整个海域光合有效辐射显著增大。受到持续云覆盖的影响，中国东部海区春季、孟加拉湾夏季的光合有效辐射显著低于周边海域。中高纬度海区，光合有效辐射最高出现在 6 月或 7 月，最低出现在 12 月或 1 月（图 3.10）。在热带海区，光合有效辐射通常有两个峰值，分别出现在春季（3 月或 4 月）和秋季（9 月或 10 月）。从年内变化幅度来看，最大变幅位于欧洲沿海，可达 40E/（m^2·d）[1]；赤道海区变幅较小，通常小于 20E/（m^2·d）（图 3.11）。

---

[1] E/（m^2·d）为 Einstenin/（m^2·day），1mol 光子的能量称为 1Einstein。

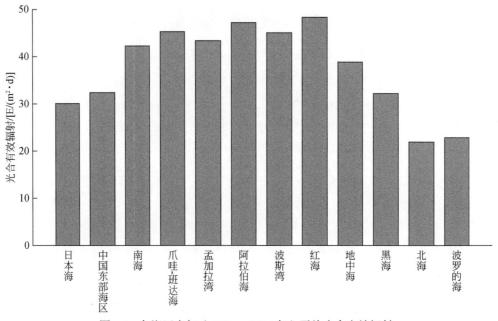

图 3.8 各海区多年（2003～2014年）平均光合有效辐射

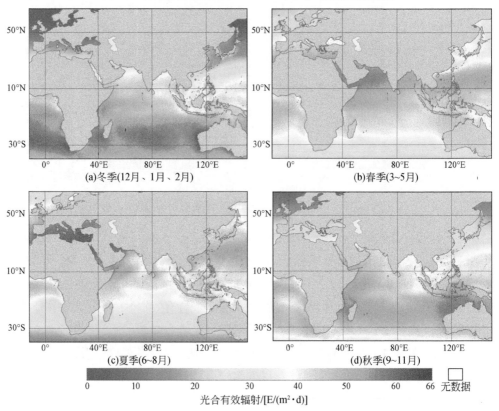

图 3.9 各海区多年（2003～2014年）季节平均光合有效辐射分布

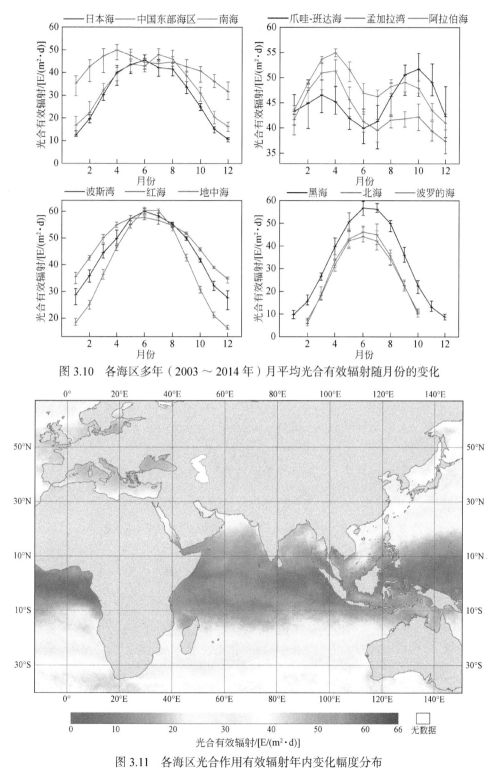

图 3.10 各海区多年（2003 ~ 2014 年）月平均光合有效辐射随月份的变化

图 3.11 各海区光合作用有效辐射年内变化幅度分布

3.3　海水透明度

图 3.12 为整个海域多年（2003～2014 年）平均海水透明度的空间分布，总体上呈现沿岸低、陆架次之、外海最高的趋势。中国东部海区的沿岸区域，波罗的海、北海沿岸、孟加拉湾北部沿岸及阿拉伯海东侧沿岸的透明度极低，年均小于 5m。黑海、波斯湾、阿拉伯海北部、红海南端的年均透明度也相对较低，在 15m 左右。从各海区的比较来看（图 3.13），地中海具有最高的年均透明度，达 35m；其次，南海、孟加拉湾的年均透明度可达 30m；波斯湾、黑海、北海的年均透明度较低；波罗的海具有最低的年均透明度，约 3m。

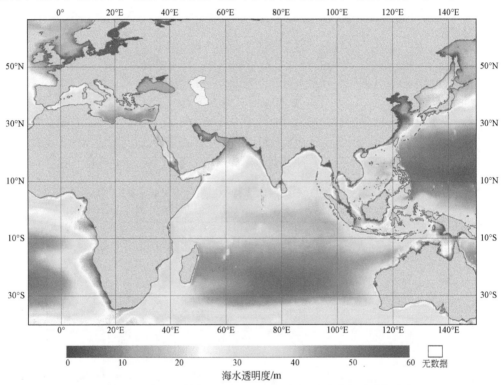

图 3.12　各海区多年（2003～2014 年）平均海水透明度分布

各季节海水透明度的空间分布总体上年均类似，呈现沿岸低、陆架次之、外海最高的趋势（图 3.14）。季节变化上，夏季具有最高的透明度，冬季透明度最低。各海区透明度出现峰、谷值的时间存在差异，在中高纬度海区（日本海、中国东部海区、地中海等），最高海水透明度出现在 7 月或 8 月，而热带海区（南海、爪哇－班达海、孟加拉湾、阿拉伯海）则出现在 4 月或 5 月（图 3.15）。从年内变化幅度来看，最大变幅位于阿拉伯海，达 30m 以上；地中海、红海、日本海、南海北部陆架、印度南部近海也具有较高的变幅，可达 20m（图 3.16）。中国东部海区、波罗的海、北海沿岸、黑海等区域，海水透明度常年较低，年内变化幅度小于 5m。另外，赤道附近海域透明度常年较高，变化很小。

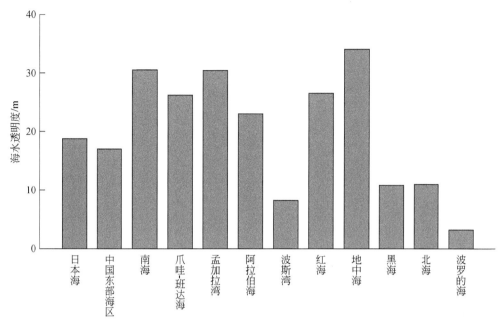

图 3.13 各海区多年（2003 ～ 2014 年）平均海水透明度

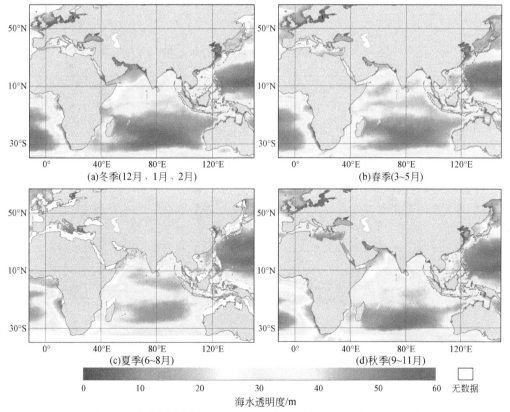

图 3.14 各海区多年（2003 ～ 2014 年）季节平均海水透明度分布

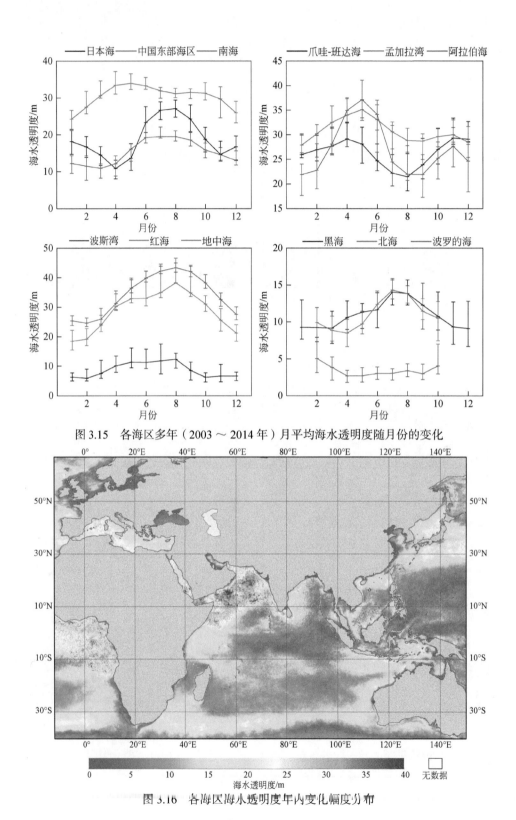

图 3.15　各海区多年（2003 ～ 2014 年）月平均海水透明度随月份的变化

图 3.16　各海区海水透明度年内变化幅度分布

3.4　浮游植物生物量

图 3.17 为整个海域多年（ 2003 ～ 2014 年 ）平均表层叶绿素浓度（ 表征浮游植物生物量 ）的空间分布，总体呈现沿岸高、陆架次之、外海最低。从各海区的比较来看，波罗的海具有最高的浮游植物生物量，年均叶绿素浓度达 10μg/L 以上；黑海、北海、中国东部海区、波斯湾也具有相对较高的浮游植物生物量，年均叶绿素浓度达 2μg/L 左右；阿拉伯海、红海、日本海年均叶绿素浓度在 1μg/L 左右（图 3.18）。南海、爪哇 - 班达海、孟加拉湾浮游植物生物量水平较低，年均叶绿素浓度在 0.5μg/L 左右。地中海具有最低的浮游植物生物量水平，年均叶绿素浓度小于 0.3μg/L。

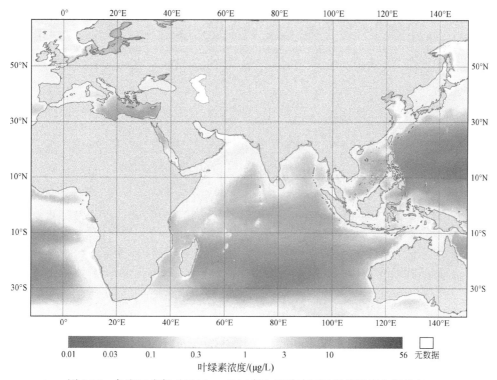

图 3.17　各海区多年（2003 ～ 2014 年）平均表层叶绿素浓度空间分布

各季节叶绿素浓度空间分布总体上与年均分布类似（图 3.19）。从月平均变化来看（图 3.20），各海区叶绿素浓度峰值出现的时间存在差异。在中高纬度海区，如日本海、中国东部海区、波罗的海、北海，4 月前后出现春季藻华，浮游植物生物量达到全年最高。在热带海区，如南海、爪哇 - 班达海、孟加拉湾、波斯湾，通常在冬季出现叶绿素峰值，主要是由于降温及强烈东北季风导致垂直混合加强。阿拉伯海在 2 月、8 月出现叶绿素峰值，黑海则在 8 月出现峰值。从年内变化幅度来看，最大变幅位于波罗的海、阿拉伯海、中国东部海区和日本海，赤道附近海域叶绿素浓度常年较低，变化较小（图 3.21）。

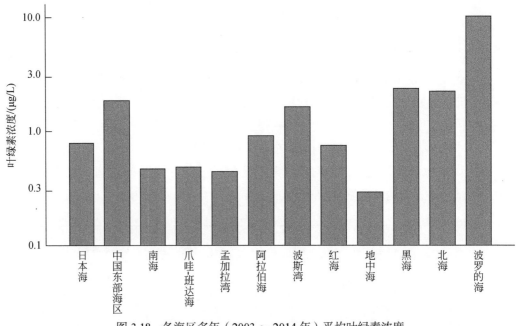

图 3.18　各海区多年（2003～2014 年）平均叶绿素浓度

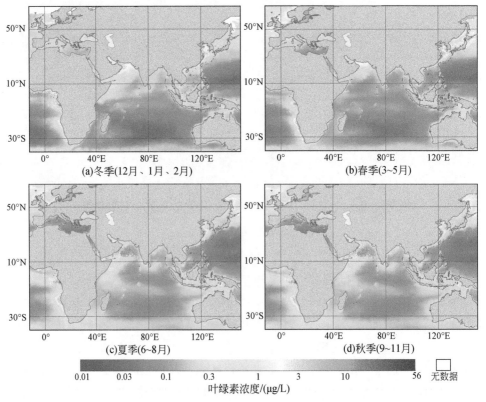

图 3.19　各海区多年（2003～2014 年）季节平均叶绿素浓度分布

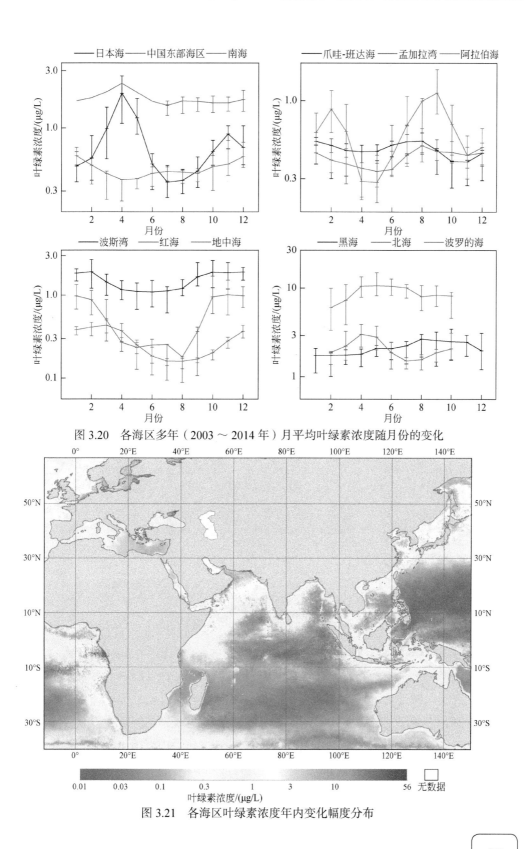

图 3.20　各海区多年（2003 ~ 2014 年）月平均叶绿素浓度随月份的变化

图 3.21　各海区叶绿素浓度年内变化幅度分布

3.5 净初级生产力

整个海域多年（2003～2014年）平均净初级生产力的空间分布与叶绿素浓度分布类似（图3.22），通常高叶绿素浓度区域对应高净初级生产力。然而，在极端浑浊的沿岸水体，如中国东部海区沿岸，水体透明度极低，浮游植物光合作用受到光照限制，净初级生产力反而较低。从各海区的比较来看（图3.23），波罗的海具有最高的净初级生产力，年均达5000mgC/（m²·d）；北海、中国东部海区、波斯湾也具有较高的净初级生产力，年均达1500mgC/（m²·d）以上；南海、爪哇-班达海、孟加拉湾、红海和地中海的净初级生产力水平较低，年均约500mgC/（m²·d）。

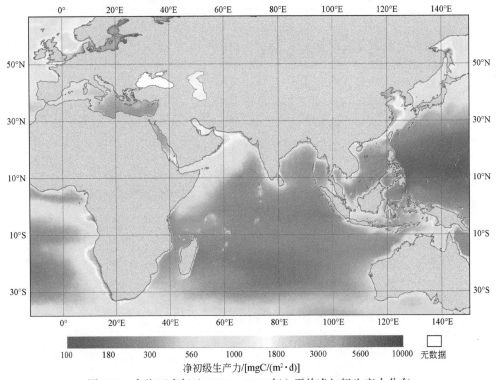

净初级生产力/[mgC/(m²·d)]

图3.22 各海区多年（2003～2014年）平均净初级生产力分布

从季节变化来看，整个海域净初级生产力总体呈现夏季高、冬季低的趋势（图3.24）。在中高纬度海区，冬季光合有效辐射低，限制了浮游植物的净初级生产力水平。各海区净初级生产力出现峰值的时间存在显著差异。高纬度海区，如北海、波罗的海，7月前后出现峰值，主要原因是夏季光照最强（图3.25）。中纬度海区，如中国东部海区、日本海、地中海，在4月前后出现峰值。热带海区，净初级生产力峰值出现时间较复杂，如南海、波斯湾、红海在冬季出现峰值，但爪哇-班达海、孟加拉湾、阿拉伯海在冬季、夏季出现两个峰值。从年内变化幅度来看，最大变幅位于波罗的海、阿拉伯海和中国东部海区，可达2000mgC/（m²·d）以上。赤道附近海域净初级生产力常年较低，变化小（图3.26）。

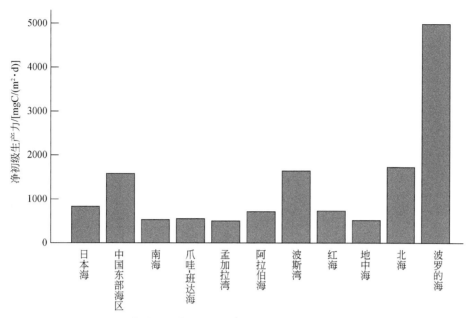

图 3.23 各海区多年（2003 ～ 2014 年）平均净初级生产力

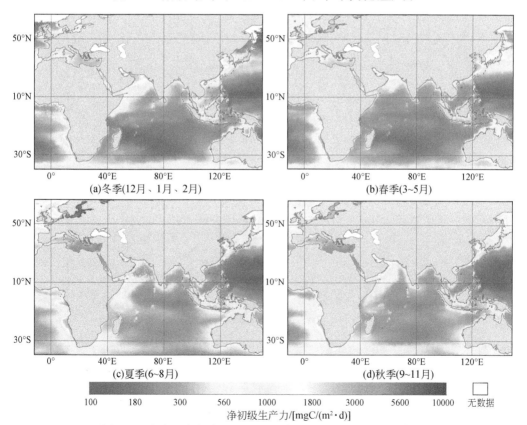

图 3.24 各海区多年（2003 ～ 2014 年）季节平均净初级生产力

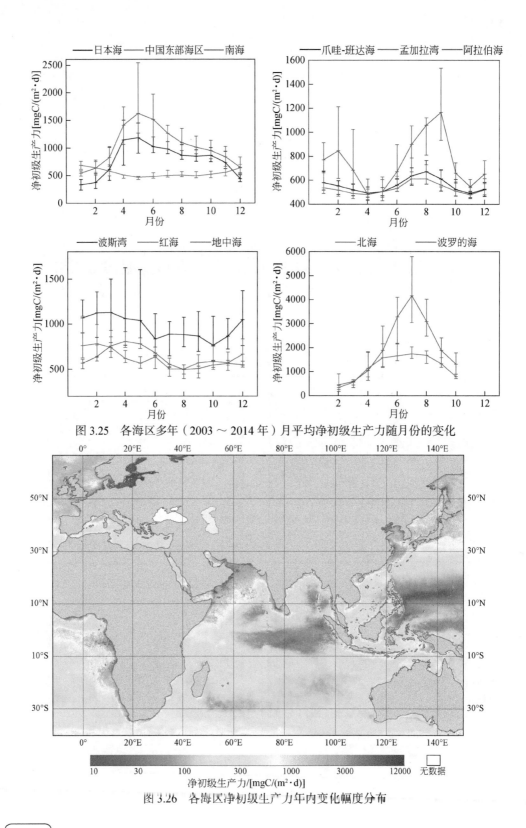

图 3.25 各海区多年（2003～2014 年）月平均净初级生产力随月份的变化

图 3.26 各海区净初级生产力年内变化幅度分布

3.6 2003 ～ 2014 年主要生态环境因子变化特征

3.6.1 海表温度变化

各海区海表温度均呈上升趋势,但速率存在显著差异(图 3.27)。黑海上升速率最大,达 1.23%/a(0.19℃/a);波罗的海次之,达 1.13%/a(0.10℃/a)。日本海、地中海的上升速率也相对较大,分别达 0.68%/a 和 0.47%/a。相比之下,热带海区(南海、爪哇‒班达海、孟加拉湾、阿拉伯海)的上升速率较小,在 0.11%/a 以下。

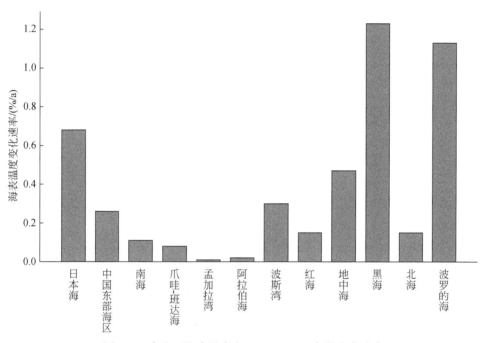

图 3.27 各海区海表温度在 2003 ～ 2014 年的变化速率

3.6.2 光合有效辐射变化

大部分海区光合有效辐射呈下降趋势(图 3.28)。其中,南海下降速率最大,为 -0.32%/a;孟加拉湾次之,为 -0.27%/a;爪哇‒班达海、阿拉伯海、中国东部海区的下降速率也相对较大,分别为 -0.22%/a、-0.14%/a 和 -0.13%/a。相比之下,欧洲海域光合有效辐射没有发生显著的趋势变化。

3.6.3 海水透明度变化

各海区海水透明度均呈增大趋势(图 3.29)。波斯湾增大速率最快,达 3.02%/a;阿拉伯海、爪哇‒班达海次之,达 1.3%/a;其余海区增大速率小于 1.02%/a,其中,南海速率最低,仅 0.18%/a。

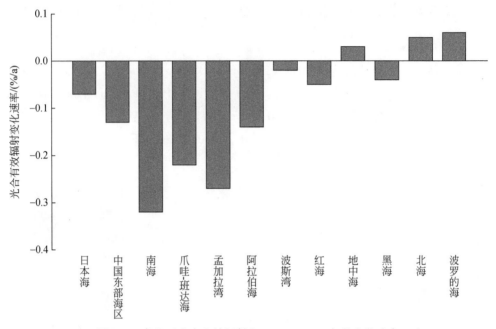

图 3.28　各海区光合有效辐射在 2003 ~ 2014 年的变化速率

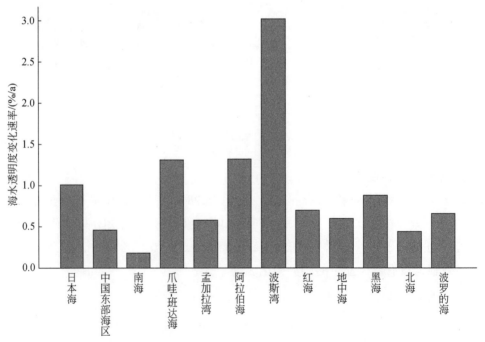

图 3.29　各海区透明度在 2003 ~ 2014 年的变化速率

3.6.4　浮游植物生物量变化

2003 ～ 2014 年，各海区叶绿素浓度变化趋势既有上升也有下降（图 3.30）。其中，热带海区以下降趋势为主，阿拉伯海的下降速率最大，达 -2.23%/a；爪哇 - 班达海、红海、波斯湾也具有较大的下降速率。相反，中高纬度海区则以上升趋势为主，其中波罗的海上升速率最大，达 1.92%/a；日本海、中国东部海区的上升速率达 0.9%/a。南海、地中海、黑海的叶绿素浓度变化速率较小。

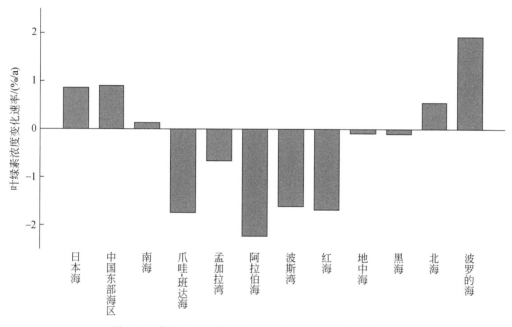

图 3.30　各海区叶绿素浓度在 2003 ～ 2014 年的变化速率

3.6.5　净初级生产力变化

2003 ～ 2014 年，各海区净初级生产力既有上升，也有下降（图 3.31）。中高纬度海区除地中海外，波罗的海、北海、中国东部海区、日本海的净初级生产力均呈上升趋势。热带海区除南海外，爪哇 - 班达海、阿拉伯海、波斯湾、红海的净初级生产力均呈下降趋势。波罗的海的净初级生产力上升速率最大，达 1.58%/a，显著高于其他海区；中国东部海区、北海也具有较高的上升速率，分别为 1.01%/a 和 0.62%/a。阿拉伯海具有最大的下降速率，达 -1.17%/a；爪哇 - 班达海、波斯湾、红海、地中海的下降速率也相对较高，在 -0.7%/a 以下。

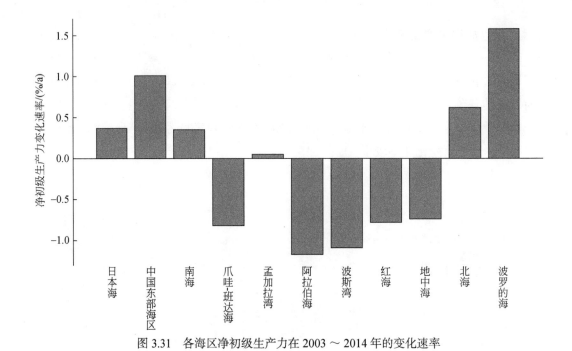

图 3.31　各海区净初级生产力在 2003 ～ 2014 年的变化速率

第4章　"21世纪海上丝绸之路"近海海域 生态环境遥感分析

为深入认识"21世纪海上丝绸之路"沿线近海海域生态环境的状况，在主要航线及关键通道中选取了13个典型近海海域进行遥感对比分析，包括吉隆坡-雅加达、北部湾、达尔文、加尔各答-吉大港-皎漂、科伦坡、卡拉奇、迪拜-阿巴斯港-多哈、吉布提、吉达-苏丹港、亚历山大、雅典、威尼斯和鹿特丹的周边海域（图4.1、表4.1）。

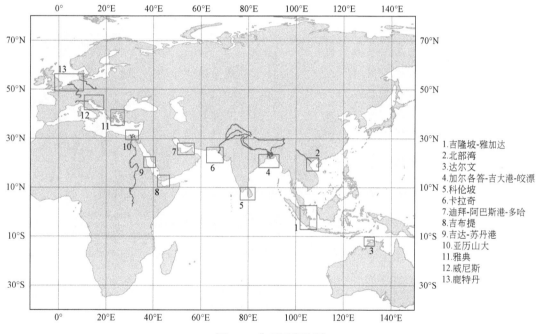

图 4.1　典型近海海域

表 4.1　近海海域空间范围

序号	区域名称	经度范围	纬度范围
1	吉隆坡-雅加达周边海域	100°E ～ 109°E	8°S ～ 4°N
2	北部湾海域	105°E ～ 110°E	17°N ～ 22°N
3	达尔文周边海域	128°E ～ 133°E	10°S ～ 14°S
4	加尔各答-吉大港-皎漂周边海域	85°E ～ 95°E	18°N ～ 24°N
5	科伦坡周边海域	77°E ～ 83°E	4°N ～ 10°N
6	卡拉奇周边海域	64°E ～ 71°E	20°N ～ 26°N

序号	区域名称	经度范围	纬度范围
7	迪拜－阿巴斯港－多哈周边海域	50°E～57.5°E	23°N～29°N
8	吉布提周边海域	41.5°E～47°E	10°N～15°N
9	吉达－苏丹港周边海域	35.5°E～40.5°E	18.5°N～23°N
10	亚历山大周边海域	27.5°E～33°E	30°N～33.5°N
11	雅典周边海域	21°E～27°E	35°N～40°N
12	威尼斯周边海域	10°E～20°E	41°N～46°N
13	鹿特丹周边海域	2°W～12°E	49°N～56°N

4.1 吉隆坡－雅加达周边海域

该海域覆盖吉隆坡、雅加达和新加坡 3 个重要港口城市，位于赤道附近（图 4.2）。

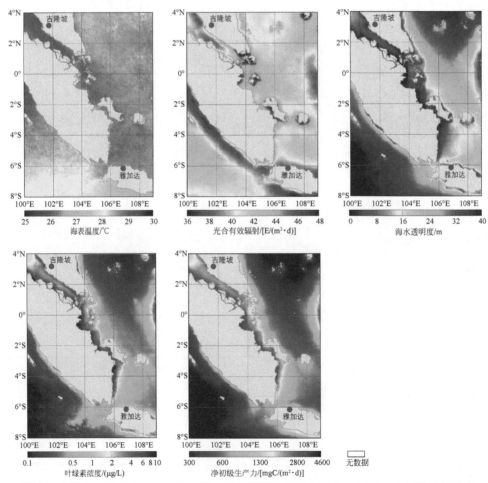

图 4.2 吉隆坡－雅加达周边海域主要生态环境因子多年（2003～2014 年）平均空间分布

常年水温较高，年均海表温度约29℃。年均光合有效辐射约45E/（m²·d），高值位于印度尼西亚南部沿岸。除马六甲海峡及沿岸区域外，外海的浮游植物生物量和净初级生产力水平较低，叶绿素浓度小于0.2μg/L，净初级生产力小于500mgC/（m²·d）。在马六甲海峡及沿岸区域，叶绿素浓度可达5μg/L，净初级生产力达2000mgC/（m²·d）以上。海水透明度在沿岸较低，特别是在马六甲海峡，年均透明度小于5m；外海年均透明度可达40m。

该海域海表温度年内变幅在4℃以下（图4.3）。光合有效辐射年内变幅在15E/（m²·d）以下，北部变幅略高于南部。海水透明度年内变幅呈现近岸低、外海高的空间分布，但变幅小于20m。叶绿素浓度、净初级生产力年内变幅在近岸、马六甲海峡较高，外海变化较小。

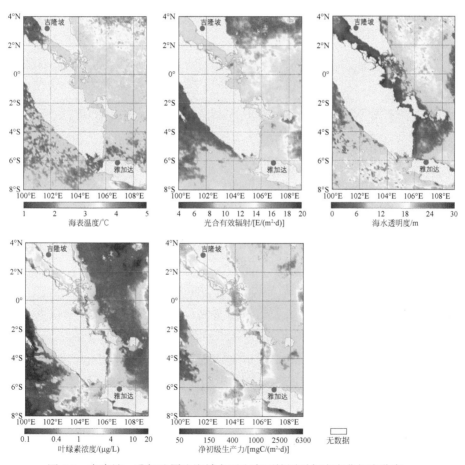

图4.3 吉隆坡–雅加达周边海域主要生态环境因子年内变化幅度分布

2003～2014年，该海域海表温度没有发生显著的趋势变化，光合有效辐射略有下降，速率为 -0.11%/a；海水透明度呈增大趋势，速率为 0.91%/a；叶绿素浓度和净初级生产力均有所下降，速率分别为 -1.30%/a 和 -0.57%/a（图 4.4）。

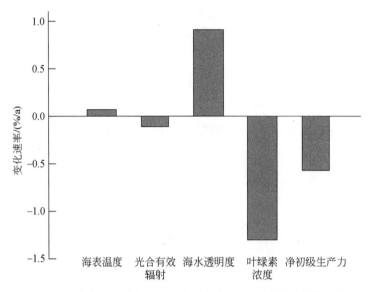

图 4.4 吉隆坡 – 雅加达周边海域主要生态环境因子变化速率

4.2 北部湾海域

北部湾海域水温常年较高，年均海表温度 24～27℃，湾口比湾顶年均水温高出 3℃左右（图 4.5）。年均光合有效辐射则呈东侧高、西侧低的空间分布趋势。年均叶绿素浓度、净初级生产力总体呈现沿岸高、海盆低的空间分布特征。沿岸水体年均叶绿素浓度达 5μg/L，净初级生产力达 2000mgC/（m²·d）。海水透明度则呈现沿岸低、海盆高的空间分布，北部湾中部年均透明度达 25m，而沿岸则小于 5m。

北部湾生态环境因子存在显著的年内变化（图 4.6）。湾顶海表温度年内变幅达 15℃。光合有效辐射年内变幅大于 25E/（m²·d），变化高值位于东南部。海水透明度年内变幅高值位于中部，达 20m 以上。叶绿素浓度年内变幅高值位于沿岸和湾顶。净初级生产力年内变幅高值分布较为零散，主要位于西侧和东北部。

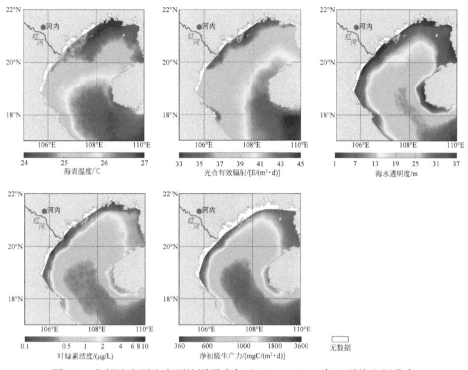

图 4.5　北部湾主要生态环境因子多年（2003～2014 年）平均空间分布

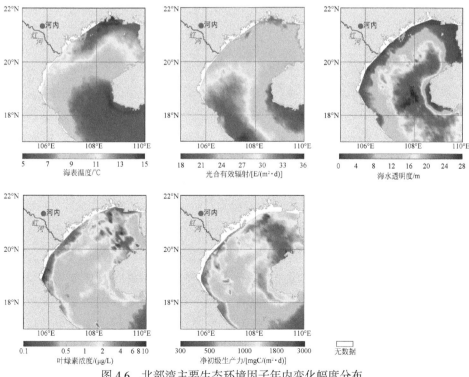

图 4.6　北部湾主要生态环境因子年内变化幅度分布

　　在 2003 ～ 2014 年，北部湾海表温度略有上升，速率为 0.19%/a。光合有效辐射呈下降趋势，速率为 -0.40%/a；海水透明度均有所上升，速率 0.59%/a；叶绿素浓度和净初级生产力趋势变化较小（图 4.7）。

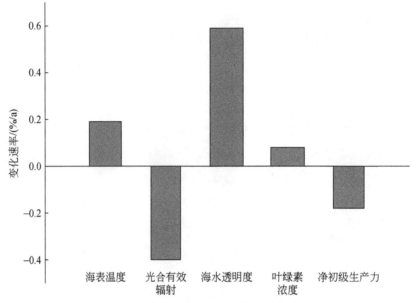

图 4.7　北部湾主要生态环境因子变化速率

4.3　达尔文周边海域

　　达尔文为澳大利亚北部的港口城市，是澳大利亚通往亚洲的门户。达尔文周边海域属于热带海区，年均海表温度约 28.5℃，空间分布较均匀，东北侧水温偏低（图 4.8）。年均光合有效辐射空间分布也较为均匀，由于地处热带，年均光合有效辐射较高，达 48E/（m² · d）。海水透明度总体上呈现沿岸低、外海高的空间变化。沿岸水体相对浑浊，年均透明度小于 10m，湾内最低小于 2m。外海年均透明度也在 20m 以内。沿岸浮游植物生物量相对较高，年均叶绿素浓度达 2μg/L，外海浮游植物生物量较低，年均叶绿素浓度小于 0.5μg/L。净初级生产力也呈现近岸高、外海低的空间分布特征，但总体上小于 1800mgC/（m² · d）。湾内虽然浮游植物生物量高，但由于透明度低导致水下光照不足，净初级生产力反而较低。

　　由于处于热带区域，达尔文周边海域水温常年较高，年内变化幅度较小，变幅通常小于 5℃。光合有效辐射年内变幅小于 19E/（m² · d）。沿岸水体常年较浑浊，透明度年内变幅小于 5m；外海透明度年内变幅相对较大，达 20m。浮游植物生物量、净初级生产力的年内变幅均较小，叶绿素浓度变幅通常小于 2.0μg/L，净初级生产力变幅小于 600mgC/（m² · d）（图 4.9）。

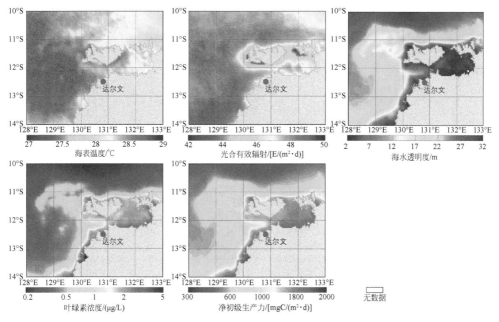

图 4.8 达尔文周边海域主要生态环境因子多年（2003～2014年）平均空间分布

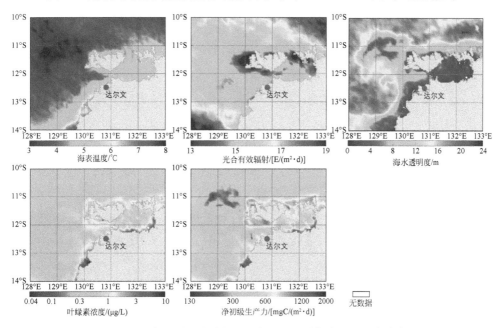

图 4.9 达尔文周边海域主要生态环境因子年内变化幅度分布

在2003～2014年，达尔文周边海域海表温度、光合有效辐射没有发生趋势变化；海水透明度呈上升趋势，速率为1.47%/a；叶绿素浓度和净初级生产力呈下降趋势，速率分别为-1.48%/a和-0.69%/a（图4.10）。

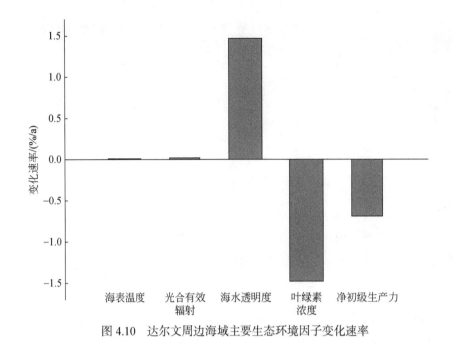

图 4.10　达尔文周边海域主要生态环境因子变化速率

4.4　加尔各答－吉大港－皎漂周边海域

加尔各答位于印度东北部恒河三角洲，濒临孟加拉湾北部，是印度东部的最大港口城市，也是印度第二大港。吉大港是孟加拉国最大的港口城市。皎漂位于孟加拉湾东海岸，是优良的天然避风避浪港。中缅昆明—皎漂铁路建成后，皎漂将是缅甸最大的远洋深水港。

加尔各答－吉大港－皎漂所在的孟加拉湾北部海域属于热带季风气候，年均海表温度 26～28℃，湾顶水温略低（图 4.11）。年均光合有效辐射也呈现湾顶低、海盆高的空间变化。受恒河陆源物质输入的影响，湾顶水体浑浊度极高，年均透明度小于 5m。同时，陆源输入大量营养盐，湾顶浮游植物生物量较高，叶绿素浓度达 5μg/L 以上。净初级生产力高值位于河口区域，该区域营养盐丰富，年均净初级生产力达 4000mgC/（m² • d）。南部海盆浮游植物生物量和净初级生产力极低，年均叶绿素浓度约 0.2μg/L，年均净初级生产力小于 600mgC/（m² • d），年均透明度大于 30m。

从年内变化幅度来看，总体上光合有效辐射、海水透明度年内变幅较小，光合有效辐射变幅通常小于 20E/（m² • d），海水透明度变幅小于 15m。湾顶海表温度变幅相对较大，达 9℃，南部海盆海表温度变幅小于 4℃（图 4.12）。湾顶光合有效辐射、海水透明度年内变幅小于南部海盆。年内浮游植物生物量和净初级生产力变幅高值位于河口浑浊带与外海清洁水体交汇的锋面区域，南部海盆的变幅较小。

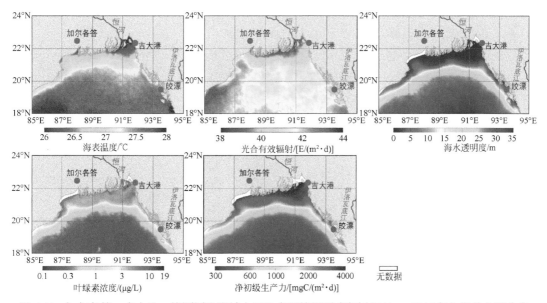

图 4.11 加尔各答 – 吉大港 – 皎漂周边海域主要生态环境因子多年（2003 ～ 2014 年）平均空间分布

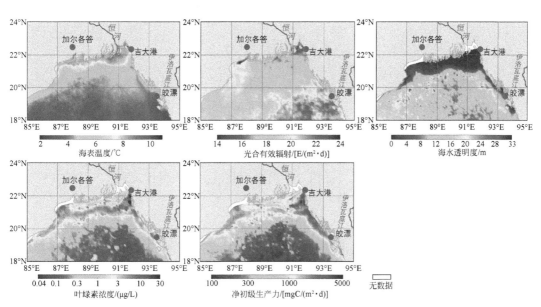

图 4.12 加尔各答 – 吉大港 – 皎漂周边海域主要生态环境因子年内变化幅度分布

在 2003 ～ 2014 年，孟加拉湾北部海域海表温度没有发生显著的趋势变化；光合有效辐射呈下降趋势，速率为 -0.24%/a；海水透明度、叶绿素浓度和净初级生产力均呈上升趋势，速率分别为 0.80%/a、0.38%/a 和 0.19%/a（图 4.13）。

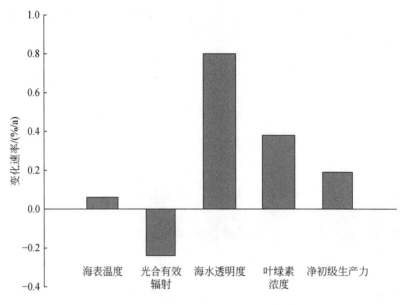

图4.13 加尔各答－吉大港－皎漂周边海域主要生态环境因子变化速率

4.5 科伦坡周边海域

斯里兰卡的科伦坡港是世界上最大的人工港口之一，也是欧亚、太平洋、印度洋地区航线的重要中转港口之一。科伦坡位于热带海域，年均海表温度约28℃，近海水温略低（图4.14）。年均光合有效辐射在45E/（m²·d）以上，近海略高。受陆源物质输入、人为活动和浅水底质再悬浮的影响，沿岸和近海水体透明度相对较低，最小透明度仅2m；外海透明度较高，年均在30m以上。沿岸浮游植物生物量相对较高，年均叶绿素浓度达2μg/L，但高值范围较窄。外海浮游植物生物量极低，年均叶绿素浓度小于0.2μg/L。净初级生产力水平总体上较低，外海仅500mgC/（m²·d）左右。

从年内变化幅度来看，海表温度变幅较小，通常小于3℃，南部海域变幅略低（图4.15）。光合有效辐射年内变幅也较小，通常小于20E/（m²·d），东北海域变幅略大。海水透明度最大年内变幅位于近海，达25m；沿岸和外海的透明度变幅相对较小，在10m以下，特别是沿岸的变幅小于5m。浮游植物生物量、净初级生产力年内变幅最高位于南部沿岸，叶绿素浓度变幅达10μg/L，净初级生产力变幅达3000mgC/（m²·d）以上。

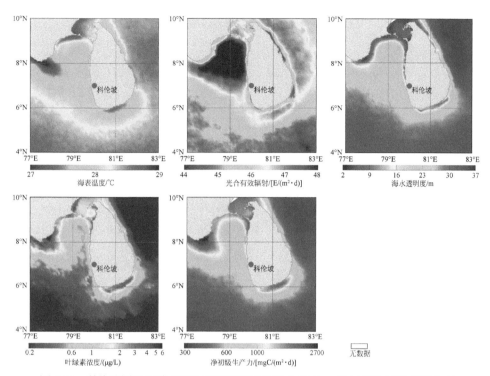

图 4.14 科伦坡周边海域主要生态环境因子多年（2003～2014 年）平均空间分布

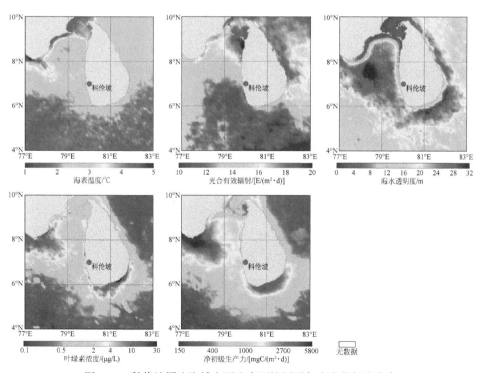

图 4.15 科伦坡周边海域主要生态环境因子年内变化幅度分布

在 2003 ～ 2014 年，该海域海表温度没有发生趋势变化（图 4.16）；光合有效辐射呈下降趋势，速率为 -0.20%/a；海水透明度、叶绿素浓度和净初级生产力均呈上升趋势，速率分别为 0.35%/a、0.37%/a 和 0.35%/a，总体上与同样位于孟加拉湾的加尔各答－吉大港－皎漂周边海域变化趋势类似。

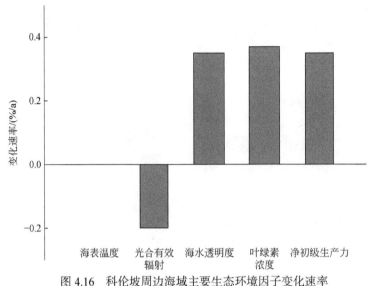

图 4.16　科伦坡周边海域主要生态环境因子变化速率

4.6　卡拉奇周边海域

卡拉奇是巴基斯坦最大的港口城市，位于印度河三角洲的西北侧。卡拉奇周边海域年均海表温度约 26℃，近海温度低于外海（图 4.17）。海域西侧光合有效辐射较东侧高。总体上，该海域透明度相对不高，即使在南部深水海域，年均透明度也仅 20m 左右。与水温分布类似，海水透明度也呈现近海低、外海高的空间变化趋势，近岸低于 5m 的高浑浊水体向外海扩散的范围较广，宽度可达 100km。该海域浮游植物生物量和净初级生产力较高，尤其是在印度河河口的西北沿岸，年均叶绿素浓度可达 10μg/L 以上，年均净初级生产力可达 3000mgC/（m² · d）。即使在外海深水区，年均叶绿素浓度也可达 1.0μg/L，净初级生产力达 1000mgC/（m² · d）以上。

从年内变化幅度来看，大部分海域海表温度变幅小于 5℃，但在印度河河口沿岸海表温度变幅可达 10℃（图 4.18）。光合有效辐射变幅总体较低，小于 28E/（m² · d），变化高值区位于北部海域，说明北部海域的云覆盖率存在较显著的年内变化。近岸水体透明度常年较低，年内变幅小，在 10m 以下；外海水体透明度变幅较大，达 30m 以上。总体上，该海域的浮游植物生物量、净初级生产力存在十分显著的年内变化，特别是在印度河河口西侧近海，叶绿素浓度变幅可达 40μg/L，净初级生产力变幅达 5000mgC/（m² · d）。

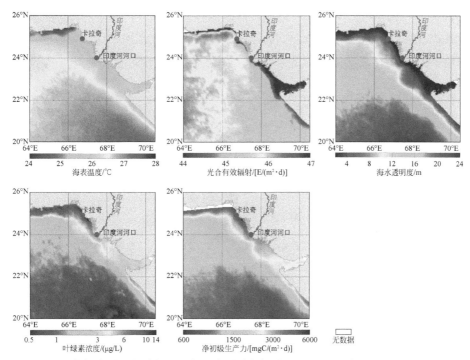

图 4.17 卡拉奇周边海域主要生态环境因子多年（2003～2014 年）平均空间分布

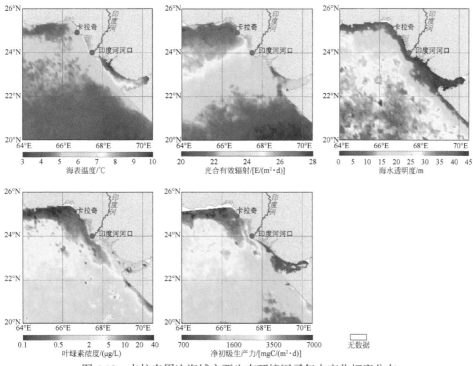

图 4.18 卡拉奇周边海域主要生态环境因子年内变化幅度分布

在 2003 ~ 2014 年，卡拉奇周边海域海表温度略有上升，速率为 0.14%/a；光合有效辐射略有下降，速率为 -0.19%/a；海水透明度快速增大，速率达 2.75%/a；浮游植物生物量快速下降，叶绿素浓度下降速率达 -2.15%/a；净初级生产力也快速下降，速率为 -1.61%/a（图 4.19）。

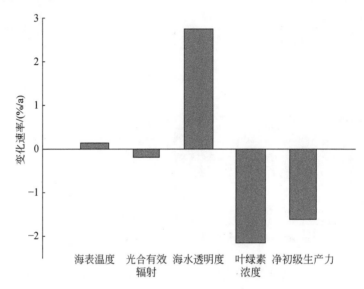

图 4.19　卡拉奇周边海域主要生态环境因子变化速率

4.7　迪拜 - 阿巴斯港 - 多哈周边海域

迪拜、阿巴斯港和多哈为波斯湾的重要港口城市。阿巴斯港位于霍尔木兹湾北岸，扼波斯湾出口。迪拜 - 阿巴斯港 - 多哈海域属于热带海区，年均海表温度在 26 ~ 28℃，东部略高于西部（图 4.20）。年均光合有效辐射在空间分布上也呈东高、西低的变化趋势，沿岸略低，但总体上大于 45E/（m² · d）。海水透明度呈现近岸低、中部高，整体较为浑浊，年均小于 12m，沿岸小于 5m。迪拜沿岸水体透明度高于阿巴斯港、多哈沿岸。浮游植物生物量总体水平较高，年均叶绿素浓度大于 1.0μg/L；东部湾口浮游植物生物量较高，年均叶绿素浓度达 3μg/L。与浮游植物生物量对应，海域净初级生产力总体较高，年均高于 1200mgC/（m² · d），在东部湾口可达 2000mgC/（m² · d）以上。

在年内变化幅度上，海域海表温度变幅在 7 ~ 15℃，西侧变幅大于东侧（图 4.21）。光合有效辐射变幅在 30 ~ 35E/（m² · d），呈西高、东低的空间变化特征。中部海水透明度变幅可达 20m，近海变幅小于 8m。浮游植物生物量、净初级生产力存在较显著的年内变化，特别是在湾口，叶绿素浓度变幅可达 5μg/L，净初级生产力变幅可达 5000mgC/（m² · d）。

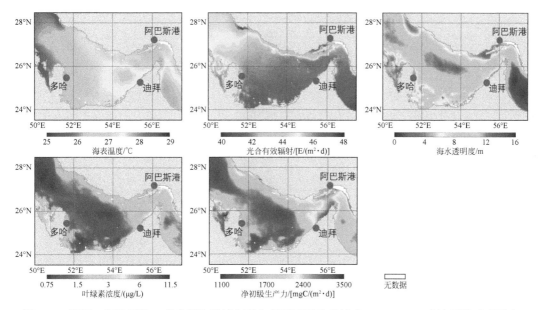

图 4.20　迪拜 - 阿巴斯港 - 多哈周边海域主要生态环境因子多年（2003～2014 年）平均空间分布

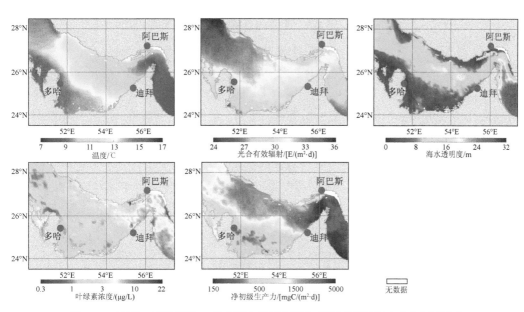

图 4.21　迪拜 - 阿巴斯港 - 多哈周边海域主要生态环境因子年内变化幅度分布

　　在 2003～2014 年，该周边海域海表温度略有上升，速率为 0.25%/a；光合有效辐射没有发生趋势变化；海水透明度快速增大，速率达 2.89%/a；叶绿素浓度和净初级生产力快速下降，速率分别为 -1.77%/a 和 -1.11%/a（图 4.22）。

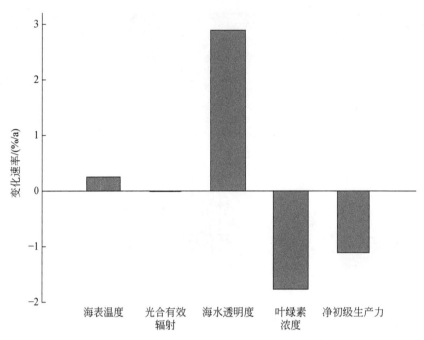

图 4.22　迪拜 – 阿巴斯港 – 多哈周边海域主要生态环境因子变化速率

4.8　吉布提周边海域

　　吉布提位于亚丁湾的西侧，是东非最大的港口城市之一。吉布提具有重要的战略位置，是打击索马里海盗中各国军舰补给的重要港口，也是我国护航编队的主要补给港口。吉布提周边海域属于热带海区，年均海表温度约28℃，特别是吉布提沿岸年均海表温度高达29℃（图4.23）。年均光合有效辐射呈现东高、西低，总体上较高，在50E/（m² · d）以上。海域东侧的亚丁湾，年均海水透明度约25m；西北侧的红海南部，年均透明度小于10m。海域东侧的浮游植物生物量较低，年均叶绿素浓度一般在1.0μg/L以下；红海沿岸的浮游植物生物量略高，可达3.0μg/L。海域净初级生产力水平总体较低，除红海沿岸外，年均净初级生产力小于1200mgC/（m² · d），尤其是在吉布提海域，净初级生产力仅为600mgC/（m² · d）左右。

　　在年内变化幅度上，该周边海域海表温度变幅较小，仅为4～7℃，红海南部变幅大于亚丁湾（图4.24）。光合有效辐射变幅较小，小于15E/（m² · d）。东侧亚丁湾的海水透明度年内变幅可达40m；西侧的红海南部海域，海水透明度变幅小于20m。该海域浮游植物生物量、净初级生产力年内变化显著，叶绿素浓度变幅可达10μg/L，净初级生产力变幅可达2500mgC/（m² · d）。

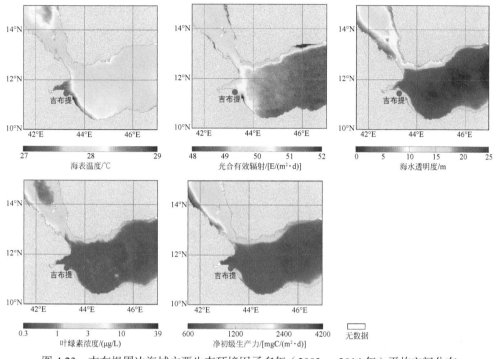

图 4.23 吉布提周边海域主要生态环境因子多年（2003 ～ 2014 年）平均空间分布

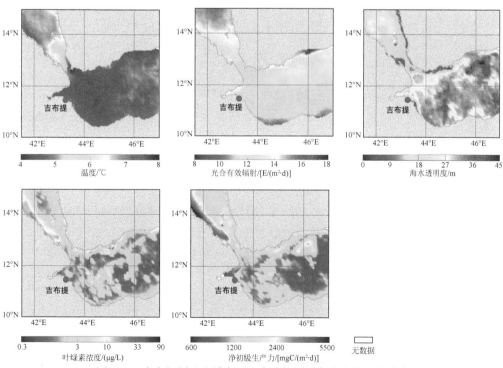

图 4.24 吉布提周边海域主要生态环境因子年内变化幅度分布

在 2003 ～ 2014 年，该周边海域海表温度和光合有效辐射没有发生趋势性的变化；海水透明度快速上升，速率达 2.60%/a；叶绿素浓度有所下降，速率为 -0.55%/a；净初级生产力快速下降，速率达 -2.02%/a（图 4.25）。

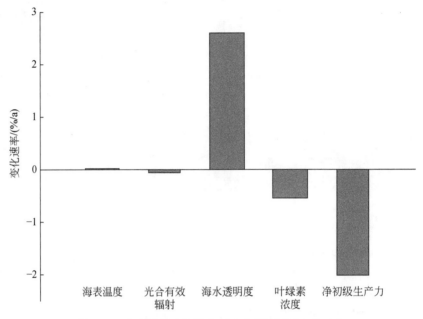

图 4.25　吉布提周边海域主要生态环境因子变化速率

4.9　吉达 - 苏丹港周边海域

吉达是沙特阿拉伯最大的港口城市，位于红海东岸中部。苏丹港位于红海西岸的中部，是苏丹唯一的外贸港口城市。吉达 - 苏丹港所在的海域属于热带海区，年均海表温度约 28℃，南部略高于北部（图 4.26）。年均光合有效辐射较高，大于 48E/（m² · d）。海水透明度较高，年均达 30 ～ 40m；即使在沿岸，年均水体透明度也在 10m 以上。整个海域的浮游植物生物量和净初级生产力较低，海盆的年均叶绿素浓度小于 0.3μg/L，年均净初级生产力小于 500mgC/（m² · d）；沿岸的浮游植物生物量和净初级生产力略高，但年均叶绿素浓度仍小于 1.0μg/L，年均净初级生产力小于 900mgC/（m² · d）。

由于地处热带，该周边海域海表温度和光合有效辐射常年较高，海表温度年内变幅小于 6℃，光合有效辐射年内变幅小于 27E/（m² · d）（图 4.27）。海水透明度年内变幅通常小于 24m，南部变幅略大于北部，沿岸变幅低于海盆。除部分区域外，浮游植物生物量、净初级生产力年内变化较小，叶绿素浓度变幅小于 0.3μg/L，净初级生产力变幅小于 500mgC/（m² · d）。

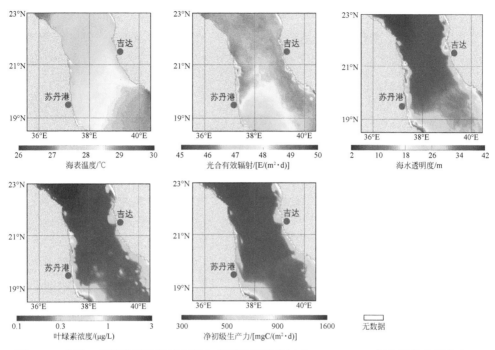

图 4.26 吉达 – 苏丹港周边海域主要生态环境因子多年（2003 ～ 2014 年）平均空间分布

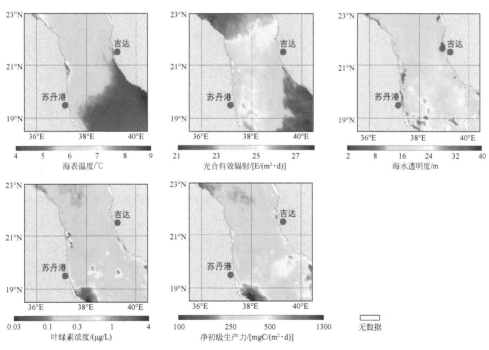

图 4.27 吉达 – 苏丹港周边海域主要生态环境因子年内变化幅度分布

在 2003 ～ 2014 年，该周边海域海表温度略有上升，速率为 0.14%/a；光合有效辐射几乎没有发生趋势变化；海水透明度略有上升，速率为 0.60%/a；浮游植物生物量和净初级生产力均有所下降，叶绿素浓度下降速率为 -1.29%/a，净初级生产力下降速率为 -0.37%/a（图 4.28）。

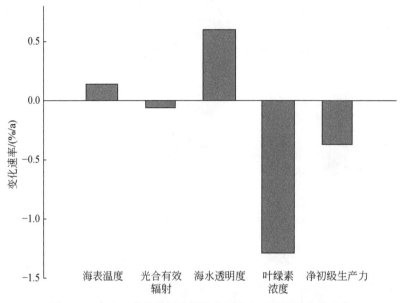

图 4.28　吉达－苏丹港周边海域主要生态环境因子变化速率

4.10　亚历山大周边海域

亚历山大是埃及在地中海最重要的港口城市，东侧为尼罗河和苏伊士运河。亚历山大周边海域年均海表温度约 22℃，东侧略高于西侧（图 4.29）。年均光合有效辐射约 43E/（m² · d），南部略高于北部。整个海域水体极为清澈，年均水体透明度大于 40m；尼罗河和苏伊士运河河口近岸区域水体较浑浊，年均水体透明度小于 10m，最低小于 2m。与水体透明度空间分布刚好相反，整个海域的浮游植物生物量和净初级生产力极低，年均叶绿素浓度小于 0.1μg/L，年均净初级生产力小于 500mgC/（m² · d）。尼罗河和苏伊士运河河口近岸区域的浮游植物生物量和净初级生产力略高，年均叶绿素浓度达 1.0μg/L，年均净初级生产力可达 2000mgC/（m² · d）以上。

海表温度和光合有效辐射存在显著的年内变化，海表温度年内变幅约 11℃，光合有效辐射年内变幅约 40E/（m² · d）（图 4.30）。海水透明度年内变幅约为 20m。除近岸外，海域浮游植物生物量、净初级生产力年内变化较小，叶绿素浓度年内变幅小于 0.15μg/L，净初级生产力变幅小于 400mgC/（m² · d）。

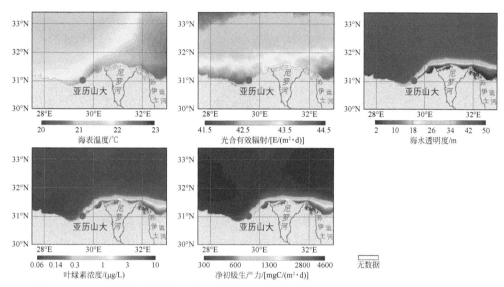

图 4.29 亚历山大周边海域主要生态环境因子多年（2003～2014 年）平均空间分布

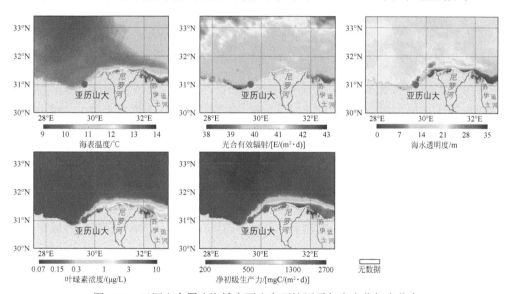

图 4.30 亚历山大周边海域主要生态环境因子年内变化幅度分布

在 2003～2014 年，该周边海域海表温度呈上升趋势，速率为 0.54%/a；光合有效辐射没有发生趋势变化；海水透明度有上升的趋势，速率为 0.72%/a；浮游植物生物量和净初级生产力均有所下降，叶绿素浓度下降速率为 -0.45%/a，净初级生产力下降速率为 -0.64%/a（图 4.31）。

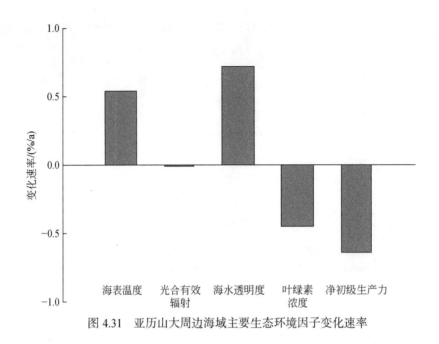

图 4.31 亚历山大周边海域主要生态环境因子变化速率

4.11 雅典周边海域

雅典位于巴尔干半岛南端，三面环山，一面傍海，属亚热带地中海气候。雅典周边海域年均海表温度 18～20℃，呈北低、南高的空间分布特征（图 4.32）。类似地，光合有效辐射也呈北低、南高的空间分布特征。整个海域水体透明度总体较高，除沿岸稍低外，大部分海域水体年均透明度大于 30m；西南海域水体年均透明度达 40m；雅典周边沿岸水体年均透明度为 15～20m。浮游植物生物量和净初级生产力总体较低，除沿岸外，大部分海域年均叶绿素浓度小于 0.2μg/L，年均净初级生产力小于 600mgC/（m²·d）。

从年内变化幅度来看，海表温度变幅通常在 10℃以下，沿岸及北部海域变幅略高（图 4.33）。光合有效辐射年内变幅较大，大于 45E/（m²·d），北部海域变幅达 50E/（m²·d）。海水透明度年内变幅大部分小于 20m。该海域浮游植物生物量、净初级生产力的年内变化也不显著，叶绿素浓度变幅大部分在 0.2μg/L 以下，净初级生产力变幅通常小于 400mgC/（m²·d）。

在 2003～2014 年，该周边海域海表温度呈上升趋势，速率为 0.65%/a；光合有效辐射基本没有发生显著的趋势变化；海水透明度有所上升，速率为 0.89%/a；浮游植物生物量快速下降，叶绿素浓度下降速率达 -1.49%/a；净初级生产力有所下降，速率为 -0.50%/a（图 4.34）。

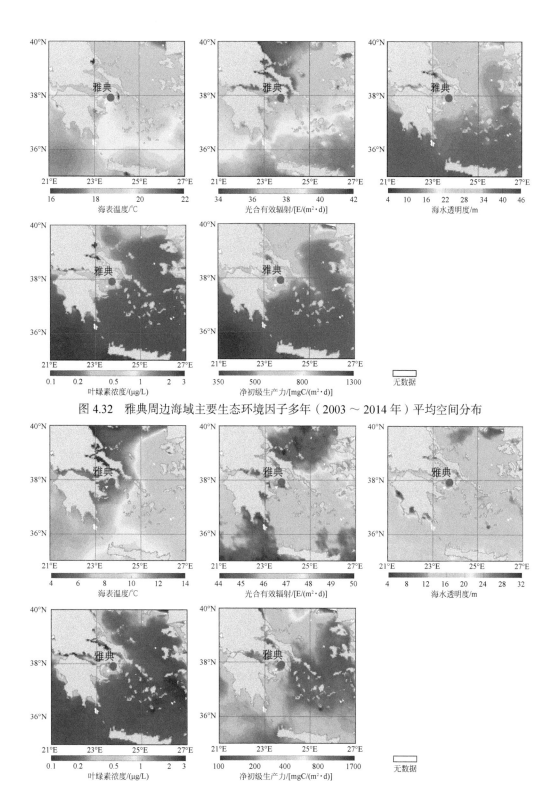

图 4.32 雅典周边海域主要生态环境因子多年（2003～2014 年）平均空间分布

图 4.33 雅典周边海域主要生态环境因子年内变化幅度分布

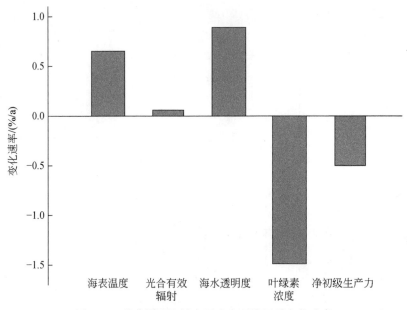

图 4.34　雅典周边海域主要生态环境因子变化速率

4.12　威尼斯周边海域

　　威尼斯位于地中海亚得里亚海的西北部海湾。西侧和北侧是意大利海岸，东侧隔海相望是斯洛文尼亚和克罗地亚海岸。

　　威尼斯所处的亚得里亚海，年均海表温度 16 ～ 19℃，北部低、南部高（图 4.35）。光合有效辐射也呈北低、南高的空间分布特征。海水透明度总体较高，呈现东侧高、西侧低，海域水体年均透明度达 30m，但沿岸水体透明度小于 10m。与水体透明度相反，浮游植物生物量和净初级生产力总体较低，除沿岸外，大部分海域年均叶绿素浓度约 0.2μg/L，年均净初级生产力约 500mgC/（m² · d）。沿岸水体年均叶绿素浓度可达 5μg/L，净初级生产力可达 4000mgC/（m² · d）。

　　从年内变化幅度来看，大部分海域海表温度变幅在 10 ～ 20℃，亚得里亚海西侧沿岸海表温度变幅可达 20℃（图 4.36）。光合有效辐射年内变幅较大，可达 50E/（m² · d）。相比而言，该海域水体透明度年内变化幅度不大，小于 20m，年内变化不明显。除沿岸外，该海域浮游植物生物量、净初级生产力的年内变化不显著，叶绿素浓度变幅小于 0.5μg/L，净初级生产力变幅小于 750mgC/（m² · d）。

　　2003 ～ 2014 年，该周边海域海表温度呈上升趋势，速率为 0.52%/a；光合有效辐射略有下降，速率为 -0.14%/a；海水透明度没有发生显著趋势变化；浮游植物生物量和净初级生产力呈快速上升趋势，叶绿素浓度上升速率达 3.19%/a，净初级生产力上升速率达 1.94%/a（图 4.37）。

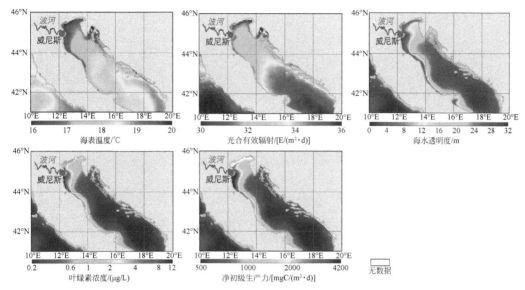

图 4.35 威尼斯周边海域主要生态环境因子多年（2003～2014年）平均空间分布

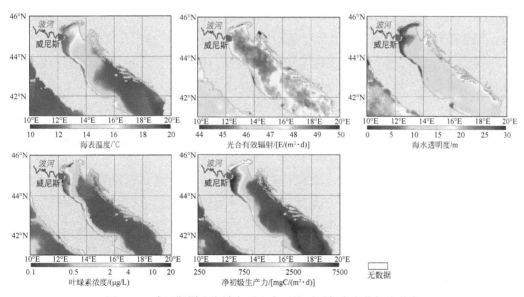

图 4.36 威尼斯周边海域主要生态环境因子年内变化幅度分布

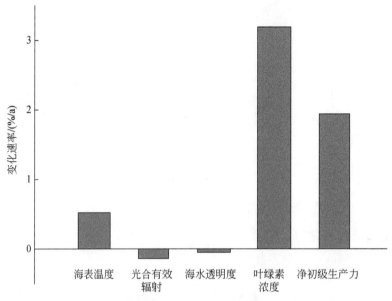

图 4.37 威尼斯周边海域主要生态环境因子变化速率

4.13 鹿特丹周边海域

鹿特丹位于莱茵河与马斯河汇合处，西依北海，东溯莱茵河、多瑙河，有"欧洲门户"之称。鹿特丹所处的北海南部海域，年均海表温度 10 ～ 12℃（图 4.38）。由于地处高纬度，该海域年均光合有效辐射总体较低，约为 24E/（m²·d）。整个海域水体透明度较低，年均透明度小于 15m，南部陆架水体年均透明度不足 10m，沿岸小于 2m，水体极为浑浊。与水体透明度相反，整个海域浮游植物生物量和净初级生产力较高，沿岸年均叶绿素浓度达 10μg/L 以上，即使在北部深水区，年均叶绿素浓度也大于 0.5μg/L。沿岸年均净初级生产力可达 6000mgC/（m²·d）以上，整个海域年均净初级生产力均在 1500mgC/（m²·d）以上。

从年内变化幅度来看，海表温度变幅在 10 ～ 15℃，沿岸水体海表温度变幅显著高于陆架区域，可达 18℃（图 4.39）。光合有效辐射年内变幅较大，达 45E/（m²·d）以上。海水透明度年内变幅总体较小，沿岸小于 5m，陆架区域水体透明度变幅可达 16m。整个海域浮游植物生物量、净初级生产力年内变化显著，沿岸叶绿素浓度变幅可达 20μg/L，净初级生产力年内变幅可达 6000mgC/（m²·d）；陆架区域水体叶绿素浓度变幅大于 0.5μg/L，净初级生产力变幅大于 1800mgC/（m²·d）。

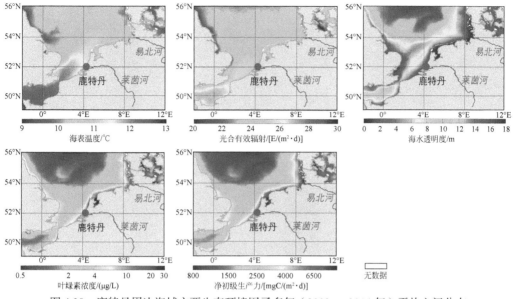

图 4.38 鹿特丹周边海域主要生态环境因子多年（2003～2014 年）平均空间分布

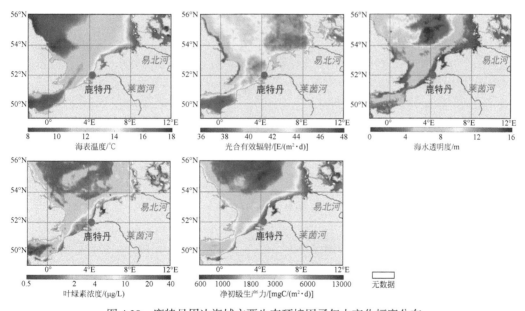

图 4.39 鹿特丹周边海域主要生态环境因子年内变化幅度分布

2003～2014 年，该周边海域海表温度略有上升，速率为 0.18%/a；光合有效辐射呈下降趋势，速率为 -0.27%/a；海水透明度没有发生显著趋势变化；浮游植物生物量略有上升，叶绿素浓度上升速率为 0.14%/a；净初级生产力有所上升，速率为 0.48%/a（图 4.40）。

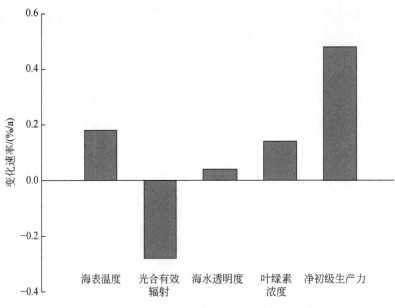

图 4.40　鹿特丹周边海域主要生态环境因子变化速率

第5章 结　论

海洋是生命的摇篮，蕴藏着地球上 80% 的生物资源，其中海洋动植物 20 万种以上，海洋微生物的种类和数量难以估计。海洋生态环境是海洋生物生存和发展的基本条件，生态环境的任何改变都有可能导致生态系统和生物资源的海洋生态环境变化。海洋生态平衡的打破，一般来自两方面的原因：一是自然本身的变化，如自然灾害及由于全球气候变化导致的生境改变。二是来自人类的活动，其中一类是不合理的、超强度的开发利用海洋生物资源，如近海区域过度捕捞，使海洋渔业资源严重衰退；另一类是海洋环境空间不适当地利用，致使海域污染的发生和生态环境的恶化，如不合理的开发使红树林等生态系统遭到破坏，沿海地区围海造田使湿地滩涂面积减少等造成对海洋生态环境的破坏。因此，首先需要监测海洋生态环境，并认识其变化状况。

利用连续 12 年（2003～2014 年）的卫星遥感资料，得到了"21 世纪海上丝绸之路"沿线 12 个海区生态环境参数的多年（2003～2014 年）平均值，见表 5.1。

表 5.1　遥感监测获得的各海区生态环境参数多年平均值（2003～2014 年）

海区	海表温度 /℃	光合有效辐射 /[E/(m²·d)]	海水透明度 /m	叶绿素浓度 /(μg/L)	净初级生产力 /[mgC/(m²·d)]
日本海	12.88	30.06	18.80	0.79	830.642
中国东部海区	19.10	33.14	15.30	1.84	1577.33
南海	27.66	42.22	30.54	0.46	528.04
爪哇-班达海	28.50	45.30	26.21	0.48	547.634
孟加拉湾	28.30	43.38	30.44	0.44	500.524
阿拉伯海	27.30	47.99	26.89	0.62	712.204
波斯湾	26.35	45.07	8.22	1.62	1640.41
红海	27.71	48.31	26.53	0.74	728.843
地中海	19.83	38.83	34.05	0.29	512.574
黑海	15.27	32.17	10.85	2.35	——
北海	10.18	21.90	11.02	2.22	1724.91
波罗的海	8.75	22.84	3.21	10.10	4987.64

　　"海上丝绸之路"海域海表温度总体上呈现随纬度逐渐递减的趋势。在南海、爪哇－班达海、孟加拉湾、阿拉伯海、红海等热带海区，海表温度常年较高，年均在25℃以上。中国东部海区（渤海、黄海、东海）及地中海的年均表层水温约20℃。高纬度的北海及波罗的海，年均表层水温在10℃以下。在季节变化上，呈现夏季高、冬季低，但各海区海表水温随月份变化的峰、谷时间不尽相同。在中高纬度及极地，最高海表温度一般出现在8月，最低海表温度出现在2月。但在热带海区，最高海表温度出现的月份有所差异，南海为6月，孟加拉湾、爪哇－班达海为4月，阿拉伯海为5月。从季节变化幅度来看，低纬度海区及极地海区海表温度变化较小，中高纬度海区季节变化较大。在中国东部海区、日本海、波罗的海、北海、地中海、黑海、波斯湾等中高纬度海区，年变化幅度在10℃以上，幅度最大位于我国近海及日本海，达20℃以上。

　　海面光照强度（光合作用有效辐射）总体上随纬度递减。但受到云覆盖等的影响，会产生偏离纬度的空间变化，如中国东部海区的光照强度显著低于同纬度的波斯湾、地中海。各海域光照强度存在显著的季节变化，尤其是在中高纬度海区。中高纬度海区光照强度最高出现在6月或7月，最低出现在12月或1月。热带海区光照强度通常有两个峰值，分别出现在春季（3～4月）和秋季（9～10月）。从季节变化幅度来看，光照强度最大变幅位于欧洲沿海，赤道海域变幅较小。

　　海水透明度总体上呈现沿岸低、陆架海域次之、外海最高的趋势。中国东部海区沿岸、波罗的海、北海沿岸、孟加拉湾北部沿岸、印度西部沿岸的水体透明度极低，年均小于5m。地中海具有最高的水体年均透明度，可达35m，波罗的海具有最低的水体年均透明度，约为3m。海水透明度存在一定的季节变化，夏季最高，冬季最低。但各海区的峰、谷时间存在差异，日本海最低出现在4月，南海、爪哇－班达海、孟加拉湾、阿拉伯海最高出现在4～5月。水体透明度季节变化幅度最大的位于阿拉伯海，可达30m以上；中国东部海区沿岸、波罗的海、北海沿岸、黑海等高浑浊区域，水体透明度常年较低，变化幅度小于5m。赤道附近海域水体透明度常年较高，变化很小。

　　浮游植物生物量（叶绿素浓度表征）的空间分布与水体透明度刚好相反，呈现沿岸高、陆架次之、外海最低。波罗的海具有最高的浮游植物生物量，黑海、北海、中国东部海区、波斯湾也具有相对较高的浮游植物生物量。南海、爪哇－班达海、孟加拉湾浮游植物生物量水平较低。在12个海区中，地中海具有最低的浮游植物生物量水平。从逐月变化来看，各海区浮游植物生物量峰值时间存在差异。中高纬度海区如日本海、中国东部海区、波罗的海、北海，在4月前后浮游植物生物量达到最高。热带海区如南海、爪哇－班达海、孟加拉湾、波斯湾，通常在冬季出现峰值。从季节变化幅度来看，最大变幅位于波罗的海、阿拉伯海、中国东部海区和日本海，赤道附近海域叶绿素浓度常年较低，变化小。

　　净初级生产力的空间分布与浮游植物生物量基本类似,高生物量区域对应高生产力。从各海区的比较来看,波罗的海具有最高的净初级生产力,北海、中国东部海区、波斯湾也具有相对较高的净初级生产力。南海、爪哇－班达海、孟加拉湾、红海、地中海的净初级生产力水平较低。从季节变化来看,呈现夏季高、冬季低,但各海区峰值时间存在显著差异。高纬度海区,如北海、波罗的海,在夏季 7 月前后出现峰值。中纬度海区,如中国东部海区、日本海、地中海,在春季 4 月前后出现峰值。热带海区,生产力峰值时间较复杂,如南海、波斯湾、红海在冬季出现峰值,但爪哇－班达海、孟加拉湾、阿拉伯海在冬季、夏季出现峰值。季节变化幅度最大的位于波罗的海、阿拉伯海和中国东部海区。赤道附近海域净初级生产力常年较低,变化小。

　　全球气候变化背景下,“21 世纪海上丝绸之路”沿线 12 个海区和 13 个近海海域的生态环境发生了不同程度的趋势变化,如表 5.2 和表 5.3 所示。在 2003～2014 年,海表温度呈上升趋势,其中黑海上升最快;波罗的海次之;日本海、地中海上升速率也较高。相反地,海面光照强度则呈下降趋势,这可能与海温升高导致的云量增多有关。海温升高对海洋生态系统的影响较为复杂。在热带海区,升温导致水体层化加剧,不利于浮游植物生长;而在中高纬度海区,升温则使得浮游植物春季藻华时间提前,且藻华发生时间加长,从而促进浮游植物生长,提升渔业资源。

　　海水透明度总体呈增高趋势,说明水质环境总体有所好转,典型近海区域海水透明度提升速率最高可达 3%/a。透明度变化速率与海表叶绿素浓度变化速率呈现显著负相关。部分叶绿素浓度下降快的近海海域,海水透明度明显变高,如波斯湾、阿拉伯海、爪哇－班达海,这些区域年均提高速率达 1.0%/a 以上。鹿特丹、北海、北部湾等海水透明度较低且年变化速率不大,威尼斯周边海域由于叶绿素浓度明显上升,海水透明度略有下降,这些海域需加大对近海生态环境的保护。

　　浮游植物生物量和净初级生产力呈现近海高、陆架海域次之、外海最低的空间分布格局,高值区主要位于波罗的海、北海、中国东部海区和波斯湾,年均叶绿素浓度达 1.0μg/L 以上,净初级生产力达 550mgC/(m²·d)以上。在 2003～2014 年,中高纬度海区生物量和净初级生产力有所上升,而在热带海区却呈下降趋势。

表 5.2　遥感监测获得的 12 个海区生态环境参数在 2003～2014 年的变化速率

海区	海表温度 /（%/a）	光合有效辐射 /（%/a）	海水透明度 /（%/a）	叶绿素浓度 /（%/a）	净初级生产力 /（%/a）
日本海	0.68	-0.07	1.01	0.86	0.37
中国东部海区	0.26	-0.13	0.46	0.9	1.01
南海	0.11	-0.32	0.18	0.13	0.35

续表

海区	海表温度 /（%/a）	光合有效辐射 /（%/a）	海水透明度 /（%/a）	叶绿素浓度 /（%/a）	净初级生产力 /（%/a）
爪哇 - 班达海	0.08	-0.22	1.31	-1.74	-0.82
孟加拉湾	0.01	-0.27	0.58	-0.66	0.05
阿拉伯海	0.02	-0.14	1.32	-2.23	-1.17
波斯湾	0.3	-0.02	3.02	-1.61	-1.09
红海	0.15	-0.05	0.7	-1.68	-0.78
地中海	0.47	0.03	0.6	-0.09	-0.74
黑海	1.23	-0.04	0.88	-0.1	——
北海	0.15	0.05	0.44	0.55	0.62
波罗的海	1.13	0.06	0.66	1.92	1.58

表 5.3　遥感监测获得的 13 个近海海域生态环境参数在 2003～2014 年的变化速率

近海海域	海表温度 /（%/a）	光合有效辐射 /（%/a）	海水透明度 /（%/a）	叶绿素浓度 /（%/a）	净初级生产力 /（%/a）
吉隆坡 - 雅加达	0.07	-0.11	0.91	-1.3	-0.57
北部湾	0.19	-0.4	0.59	0.08	-0.18
达尔文	0.01	0.02	1.47	-1.48	-0.69
加尔各答 - 吉大港 - 皎漂	0.06	-0.24	0.80	0.38	0.19
科伦坡	0.00	-0.2	0.35	0.37	0.35
卡拉奇	0.14	-0.19	2.75	-2.15	-1.61
迪拜 - 阿巴斯港 - 多哈	0.25	-0.01	2.89	-1.77	-1.11
吉布提	0.02	-0.06	2.60	-0.55	-2.02
吉达 - 苏丹港	0.14	-0.06	0.60	-1.29	-0.37
亚历山大	0.54	-0.01	0.72	-0.45	-0.64
雅典	0.65	0.06	0.89	-1.49	-0.50
威尼斯	0.52	-0.14	-0.05	3.19	1.94
鹿特丹	0.18	-0.28	0.04	0.14	0.48

参 考 文 献

陈宝红，周秋麟，杨圣云．2009.气候变化对海洋生物多样性的影响.应用海洋学学报，28（3）：437-444.

陈万灵，何传添．2014.海上丝绸之路的各方博弈及其经贸定位.改革，24（1）：74-83.

方精云．2000.全球生态学－气候变化与生态响应.北京：高等教育出版社.

冯士筰，李凤岐，李少菁．2007.海洋科学导论.北京：高等教育出版社.

冯文科，鲍才旺．1982.南海地形地貌特征.海洋地质与第四纪地质，2（4）：80-93.

公衍芬．2009.大陆架地质和法律概念的异同探讨.海洋地质动态，25（9）：19-23.

何贤强，潘德炉，毛志华，等．2004.利用SeaWiFS反演海水透明度的模式研究.海洋学报，26（5）：55-62.

洪华生，何发祥，陈钢．1998.ENSO现象与台湾海峡西部海区浮游生物的关系－台湾海峡西部海区ENSO渔场学问题之一.海洋与湖沼通报，（4）：1-9.

洪华生，何发祥，杨圣云．1997.厄尔尼诺现象和浙江近海鲐鲹鱼渔获量变化关系－长江口ENSO渔场学问题之二.海洋与湖沼通报，（4）：8-16.

黄茂兴，贾学凯．2015."21世纪海上丝绸之路"的空间范围、战略特征与发展愿景.东南学术，（4）：71-79.

卢永昌，李苏．2009.斯里兰卡Hambantota港口项目港址选择及一期工程设计介绍.水运工程，7（11）：44-48.

孙德建，丁海涛．1998.来自大海的疑问－海洋地理篇.青岛：中国海洋大学出版社.

叶海军．2013.台风对南海浮游植物分布及其粒径组成的影响.北京：中国科学院大学博士学位论文.

余克服，蒋明星，程志强，等．2004.涸洲岛42年来海面温度变化及其对珊瑚礁的影响.应用生态学报，15（3）：506-510.

Chen X，Pan D，Bai Y，et al. 2015. Estimation of typhoon-enhanced primary production in the South China Sea：A comparison with the Western North Pacific. Continental Shelf Research，111：286-293.

Giri C，Ochieng E，Tieszen L L，et al. 2011. Status and distribution of mangrove forests of the world using earth observation satellite data. Global Ecology and Biogeography，20（1）：154-159.

He X，Bai Y，Chen C-T A，et al. 2014. Satellite views of the episodicterrestrial material transport to the Southern Okinawa trough driven bytyphoon. Journal of Geophysical Research：Oceans，119：4490-4504.

Roxy M K，Modi A，Murtugudde R，et al. 2015. A reduction in marine primary productivity driven by rapid warming over the tropical Indian Ocean. Geophysical Research Letters, 43 (2): 826-833.

Shan H, Guan Y, Huang J. 2014. Investigating different bio-responses of the upper ocean to Typhoon Haitang using Argo and satellite data. Chinese Science Bulletin, 59 (8): 785-794.

Short F, Carruthers T, Dennison W, et al. 2007. Global seagrass distribution and diversity: A bioregional model. Journal of Experimental Marine Biology and Ecology, 350 (1): 3-20.

Spalding M D, Ravilious C, Green E P. 2001. World Atlas of Coral Reefs. Berkeley. CA: University of California Press and UNEP/WCMC.

Tunnicliffe V. 1981. Breakage and propagation of the stony coral Acropora cervicornis. Proceedings of the National Academy of Sciences, 78 (4): 2427-2431.

Vidal J. 2008. Shipping boom fuels rising tide of global CO_2 emissions. https://www. theguardian. com/environment/. 2016-12-20.

Webster P J, Holland G J, Curry J A, et al. 2006. Changes in tropical cyclone number, duration, and intensity in a warming environment. Science, 309 (5742): 1844-1846.